イケアとスウェーデン

福祉国家イメージの文化史

サーラ・クリストッフェション
太田美幸 訳

1. イケアのコンセプト「スウェディッシュ」（第4章、©Inter IKEA Systems B.V.）

新評論

2. 広告「イケアの魂」1981年（第3章、©Inter IKEA Systems B.V.）

3. 広告「変化を受け入れよう」2009年（第2章、©Inter IKEA Systems B.V.）

4. 広告「多様性、万歳」2008年。女性の顔はイケア商品のモザイクで表現されている（第3章、©Inter IKEA Systems B.V.）

5.「豪華さではなく、機能性」（第2章、©Inter IKEA Systems B.V.）

6. イケアフードのパッケージ（第3章、©Stockholm Design Lab）

7. イケアの創業者カンプラード（右から3人目）とコワーカーたち。1999年（第2章、©Inter IKEA Systems B.V.）

9. ヴァイキングを象った1970年代の広告（第3章、©Inter IKEA Systems B.V.）

8. 広告「ニューヨークがフラットパックに」2008年（第3章、©Inter IKEA Systems B.V.）

10. アンダシュ・ヤコブセンの作品。イケアのランプを素材としている（第5章、©Nationalmuseum, Stockholm）

11. カール・ラーション「花を飾った窓」画集『ある住まい』より（第3章、©Nationalmuseum, Stockholm）

12.「ストックホルムコレクション」のインテリア（第3章、©Inter IKEA Systems B.V.）

13.「イケア18世紀コレクション」より（第3章、©Inter IKEA Systems B.V.）

14. 広告「ニューヨーク？　エルムフルト！」1980年代半ば（第2章、©Inter IKEA Systems B.V.）

16. 2013年のカタログより。左はイギリス版、右はサウジアラビア版（第5章、©Inter IKEA Systems B.V.）

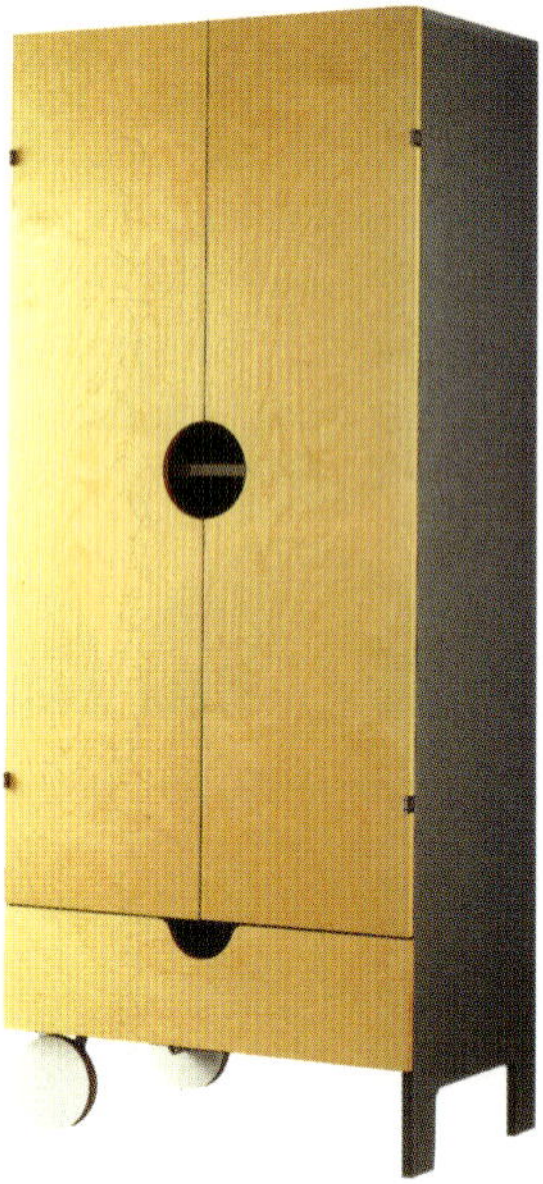

15.「PSイケア　スコープ」トーマス・サンデル、1995年（第3章、©Inter IKEA Systems B.V.）

訳者まえがき

一〇年ほど前から、北欧デザインを紹介する本や雑誌が日本でも数多く出版されるようになっている。北欧の家具や食器、インテリア雑貨を販売する店も急速に増え、暮らしのなかに北欧デザインを取り入れるということが流行にもなっている。そんな状況のなかで、独自の存在感を放っているのがスウェーデン生まれの家具販売店「イケア（IKEA）」である。

北欧の家具や日用品は、すぐれたデザインと高い品質で一九五〇年代から国際的に人気を博してきた。当時の著名なデザイナーたちの作品は日本でも人気が高く、ヴィンテージ市場において盛んに取り引きされている。その一方、北欧デザインのエッセンスを取り入れた手頃な商品も多数出回っている。

イケアは後者の代表格と言ってよいだろう。イケアでは、デザイン性の高い家具や日用品を低価格で手に入れることができる。このことは、人々のインテリアへの向き合い方を大きく変えたのではないかと思われる。とくに若い世代のインテリアに対する意識は、イケアからかなりの影響を受けているのではないだろうか。

イケアは、北欧やスウェーデンのイメージを前面に掲げて事業を展開してきた。北欧諸国はデザイン先進国であると同時に、人々の生活の安定と暮らしの快適さを追求してきた福祉国家でもあるが、イケアが販売する商品にはこのような北欧のイメージが織り込まれている。イケアで買い物をする人々は、北欧やスウェーデンに対する肯定的なイメージを内面化しているようにも思われる。

とはいえ、イケアの商品を含む北欧デザインの成り立ちについてはさほど知られていない。また、それらが北欧、とくにスウェーデンにおける福祉国家の形成過程と少なからぬ結び付きをもっていることもあまり認識されていない。

現在のスウェーデンにおける住まいの様子を知っている人には想像もつかないかもしれないが、工業化のただ中にあった一九世紀後半から二〇世紀初頭にかけてのスウェーデンでは、多くの人々の住環境は快適さとはほど遠いものだった。都市部に住む労働者たちの住居はきわめて狭く、不衛生であったという。また、農村地域でも、長きにわたって人々の暮らしを支えてきた手づくりの家具や手工芸品に代わって、工場で大量生産される安価な製品が用いられるようになり、脈々と受け継がれてきた生活文化の「趣味（テイスト）」が消え去ろうとしていた。

シンプルで機能的、かつ伝統を織り込んだ美しい日用品を安価で提供すること。こうした社会的な課題が、一般家庭における住環境の改善という目標を介して、安定した生活の実現を目指す福祉国家の理念と呼応し、二〇世紀半ば以降の北欧デザインの特徴を形づくったといえる。

当時の北欧デザインには、素朴な自然美を思わせるモチーフや、昔ながらの手づくりの道具とも共通する簡素さがある。「北欧デザインの黄金期」と言われる一九五〇年代から一九六〇年代にかけては、食器、テキスタイル、家具などの秀逸なデザインが数多く生み出され、現在まで続くロングセラー商品となった。その背景には、伝統的な美の感覚を継承しようとする人々の地道な活動や、デザイナーや生産者らの熱意を下支えしたモダニズム運動の展開に加えて、安定した暮らしを求めた人々の切実な思いと、それらを反映した福祉国家構想があった。

一九四三年に創業されたイケアも、こうした動きとかかわりをもちながら事業を展開してきた。その経緯については本書で詳しく紹介されているが、イケアのデザインや事業展開について理解しようとするならば、上記のような北欧・スウェーデンのデザインと福祉国家との関係をふまえておくことが肝要である。

また、イケアが人々の意識に意図的に働きかけ、消費の仕方のみならず、暮らし方そのものを方向づけようとしてきたことにも留意しておく必要がある。二〇世紀前半のスウェーデンでは、教育的な手法を用いて人々の生活の近代化を図ろうとする運動が各方面で展開されていた。本書でも描かれているとおり、イケアはそうした運動の一部を継承しているとも言える。

北欧の家庭を訪問すると、都市部でも農村部でも、「黄金期」のデザイナーたちによるシンプルで機能的な食器やテキスタイルが、イケアの商品と一緒に使われているのをよく見かける。家具も同様で、祖父母から受け継いだというヴィンテージのチェストとイケアの本棚がリビングに並べられていたり、イケアのダイニングセットに名作といわれるデザイナーズランプが組み合わせられていたりする。こうした日常的な光景のなかに、福祉国家がイケアとともにつくりあげた「生活の質」の一端が表れているように思われる。

二〇一四年度の発表によれば、イケアは二七か国に三一五店舗を展開し、総売上高二八七億ユーロ（約四兆円）を誇る、世界最大規模の家具小売業者である。スウェーデンで家具を販売していたイケアが国際市場に進出したのは、一九七〇年代のことであった。それ以降、企業規模は拡大の一途をたどっている。

日本には一九七四年に一度出店したが、出資者であった日本企業との間に商品展開をめぐる衝突が生じたことで一九八六年に撤退している。その二〇年後、二〇〇六年に千葉県船橋市に一号店が開店してからは順調に売り上げを伸ばし、二〇一五年七月の時点で、船橋のほか七店舗（横浜港北・神戸・大阪鶴浜・新三郷・福岡新宮・立川・仙台）が展開されている。

イケアは、従業員の働きやすさを追求してきた企業としても知られている。「ともに働く人」という意味を込めて、従業員は「コワーカー（Co-worker）」と呼ばれている。コワーカーたちには事業体としてのイケアの価値観「イケアバリュー」を実践することが求められているが、「より快適な毎日を、より多くの方々に」というイケアの基本ビジョンには、従業員自身が快適な生活を送ることも含まれているという。フラットで風通しのよい企業文化もまた、民主的で平等な福祉国家スウェーデンとのつながりを感じさせるものである。

イケアの事業展開については、主に経営学の領域においてさまざまな研究がおこなわれてきた。その多くは、イケアが国際市場できわめて大きな成功を収めるに至った要因を探ろうとするものである。一方、本書で指摘されているとおり、イケアの文化的なインパクトについてはこれまで十分な検討がされてこなかった。

本書は、従業員に働きやすい職場を提供し、消費者には快適な暮らしを低価格で提供してきたイケアの文化について、そしてその最大の特徴であるとされるスウェーデンとのつながりについて分析するという試みである。

先に述べたとおり、イケアは北欧やスウェーデンのイメージを前面に掲げて事業を展開している。国際ブランドとしてのイケアのイメージは、創業者イングヴァル・カンプラードの出身地であるスウェーデン・スモーランド地方ののどかな風景を反映したものだとされている。

本書の著者はこれをイケアのビジネス上の戦略と見なして分析し、こうしたイメージがどのようにつくられてきたのか、社内外でどのように作用してきたのか、そしてイケアの成功といかに結び付いているのかを解明している。さらには、イケアのイメージとスウェーデンの国家イメージが密接なつながりをもつこと、両者が互いに依存関係にあることをも指摘し、イケアとスウェーデンがともにつくりあげてきた「イメージ」を文化史として描き出している。

本書は、Sara Kristoffersson, *Design by IKEA: A cultural history* (London: Bloomsbury, 2014) の全訳である。著者であるサーラ・クリストッフェションは、現在、スウェーデン国立美術工芸大学（Konstfack）の教授を務めている。かつてはジャーナリストとしても活動し、新聞や雑誌にデザイン史に関する記事を寄稿してきたが、本業は美術史の研究者であり、二〇〇三年にイェテボリ大学で美術史の博士号を取得している。

彼女がスウェーデン中央銀行（Riksbanken）の助成金を受けて二〇一〇年から二〇一三年まで実施した研究プロジェクト「スウェーデンのデザインとは？　一九八〇〜九〇年代におけるイケアの美学、『スウェーデンデザイン』とナショナルな神話の輸出（Svensk design? Om Ikeas estetik på 1980- och 90-talet, export av "svensk design" och nationella myter）」の成果が本書である。ストックホルム在住の翻訳家ジューソン・ウィリアム（Jewson, William）が英訳し、二〇一四年一〇月にイギリスの出版社から刊行された。

著者にうかがったところによれば、彼女は本書をスウェーデン国内においてスウェーデン語で発表するよりも、まずは英語で出版することが何よりも重要だと考えたという。国際的に受容されているイケアとスウェーデンのイメージを解読する本書の内容に鑑みれば、彼女がこのように考えたのは至極当然のことと言える。

本書は発売前から世界各地で注目を集め、早くから数か国で翻訳出版の準備がはじまったという。本国スウェーデンでもスウェーデン語での出版が待望されており、二〇一五年九月に刊行される予定となっている。韓国および中国でも近いうちに翻訳が出版されると聞いている。

訳者は、二〇世紀前半のスウェーデンにおけるデザイン運動と教育運動の連関について現地調査をしていた二〇一四年八月に、上述した研究プロジェクトの成果に触れ、幅広い視野のもとで展開される著者の鋭い洞察をぜひ日本に紹介したいと考えた。

本国スウェーデンと同時期に日本で翻訳出版されることについて、著者であるクリストッフェション氏は驚きつつも大変喜んでくれている。翻訳出版をご快諾くださった株式会社新評論の武市一幸氏に、心より御礼を申し上げたい。

二〇一五年　七月

太田美幸

もくじ

第3章　スウェーデンの物語　103

凡例

・本文中に挿入した［　］および脚注は訳者による補足説明で、著者による原注は巻末に掲載した。
・本文で言及されている文献のタイトルは日本語に訳してあるが、巻末の参考文献一覧では原語のままとした。また、邦訳のあるものについては［　］内に訳書の出版年を記し、参考文献一覧に邦訳書の書誌情報を示した。
・原注で言及されている文献については著者と出版年、ページ数のみを記し、書誌情報は巻末の参考文献一覧に示した。
・本文中の雑誌名、新聞名は〈　〉で示した。
・「Scandinavia」の訳語は、文脈に応じて「スカンジナヴィア」と「北欧」を使い分けている。「スカンジナヴィア」はスウェーデン、ノルウェー、デンマークの三か国を指す言葉だが、一般に「Scandinavian design」にはフィンランドのデザインも含まれており、日本では「北欧デザイン」と訳されることが多い。本書もそれに倣い、フィンランドを含む意味で「Scandinavia」が用いられている場合は「北欧」と訳している。

イケアとスウェーデン——福祉国家イメージの文化史

第1章 イケアへのまなざし

「スウェーデンチームのスポンサーがイケアなのはなぜだ？」

あるスペイン紳士(原注1)は、二〇一二年夏のサッカー欧州選手権を観戦している間、ずっと不思議に思っていたという。青と黄色が配されたスウェーデンチームのユニフォームは、確かにイケアを思い起こさせる。それがスウェーデン国旗の色だと気付くことは、むしろ少ないかもしれない。実際のところ、スウェーデンという国よりもイケアのほうが広く知られているということなのだろうか。

イケアは、単にデザインを売っているだけではない。スウェーデンを、そして北欧「スカンジナヴィア」をも売り込んでいる。国際ブランドがこれほど明確に出身国を強調するのは、珍しいことだ。

イケアは「スウェーデンらしさ」そのものを美徳に仕立てあげ、それをブランドイメージの根本に据えてきた。青と黄色のロゴはスウェーデン国旗を示唆しているし、商品にはスウェーデンや北欧にちなんだ名前が付けられている。そして、スウェーデン料理を提供するイケアのレストランは「スウェーデンを味わう」ことができる場所となっている。

とはいえ、イケアはスウェーデンの美意識や具体的な事物を単に紹介しているわけではない。スウェーデン社会とスウェーデンデザインが含みもつ、より抽象的なイメージを利用しているのである。たとえば、スウェーデンが社会的経済的な平等を実現してきたことや、スウェーデンデザインを特徴づける伝統的なイメージなどがよく引き合いに出される。

果たしてイケアは、スウェーデン的な価値観を選び取ったうえで、社会や政治に関する思想をも含みこんだ企業イデオロギーをつくりあげてきたのだろうか。あるいは、スウェーデン文化やスウェーデンの基本的な価値観を、厚かましく利用しているということなのだろうか。イケアは社会的、民主主義的なパトスを原動力としていると考えられがちだが、言うまでもなく、イケアは営利を追求する企業である。

あらゆる側面はつながっている。売り上げの向上が目指されているからといって、社会的責任を果たすという意識が捨て去られてしまっているわけではない。また、ナショナル・アイデンティティの助けを借り、それをセールストークに利用することは、取り立てて言うほど画期的なことでも珍しいことでもない。

だが、その結果がどうなるかをよく考えてみたい。「物語」の根底に横たわる利益追求という目的を、さしたる害のないものとして片づけてしまうのはあまりにも短絡的だろう。経済的利害の影響力を完全に排除することなどできない。それゆえに、背景やレトリックを無視するわけにはいかないのである。

イケアはマーケティング戦略において、「物語」を利用してきた。この事実は、私たちの過去へのまなざしや現状認識の仕方を見定めるのにかなり役に立つ。

物語を生み出す人々は、ビジネス上の効果を狙っているわけであって、その物語が政治的、文化的、イデオロギー的に作用することを必ずしも意図しているわけではない。しかし、私たちが信じていること、知っていること、想像していることの大部分は、さまざまな物語によって形づくられるものだ。

私たちは日々メディアが流す恐ろしいニュースに翻弄されているし、おそらく広告、映画、コンピュータゲームからもかなりの影響を受けている。たとえば、『ザ・ホワイトハウス』(1)のようなテレビドラマは、多くの人々のアメリカ政治に対する見解を左右しており、その影響力は、実際の政治空間で起こっている出来事よりも大きい。人々の考えや意見に実際に及ぼされる作用や影響は、それを意図した戦略の結果であるとはかぎらないのである。

ポピュラー文化は、文化の一つのジャンルであるにとどまらず、社会一般に対する私たちの見

(1)　原題は *The West Wing*。ホワイトハウスを舞台に、アメリカ大統領とその側近たちの人間模様を描いた政治ドラマ。アメリカの放送局ＮＢＣで一九九九年から二〇〇六年まで放送され、日本や欧米各国でも人気を博した。

方に影響を及ぼす存在となっている。今世紀に入ってから、政治的影響力を論じる際に「ソフト・パワー」という言葉が盛んに用いられるようになった。この言葉は、アメリカの国際政治学者であるジョセフ・ナイ［Joseph S. Nye, 1937〜］による造語で、軍事力や経済力といった昔ながらの権力概念とは異なり、人々の共感を得たり、興味を喚起したりする力を意味している。

そこで用いられるのは、魅力的な物語、消費、そして文化である。ナイによれば、現代は物語によって勝敗が決まる時代であり、昔ながらの政治的な活動よりも、折に触れて象徴的な身ぶりや行動を示すことのほうが重要であるという(原注2)。

本書では、スウェーデン、およびスウェーデンデザインへの国際的な評価に影響を与えてきたグローバルブランドについて見ていくが、これはスウェーデン人の自己認識について考えるうえでも重要な意味をもっている。

グローバル化した世界において、企業のナショナリティを確定させることは難しい。イケアの場合、はっきりしているのは、オランダで登録されているインターイケアシステムズ・BV(Inter IKEA Systems B.V.) 社がコンセプトと商標の所有権者であるということ、そして商品のほとんどはスウェーデンから遠く離れた場所で生産されており、その多くが低賃金国であるということだ。

イケアは世界におけるスウェーデンの顔であり、スウェーデンのシンボルでもあるが、これには、イケアが自発的にこうした役割を引き受けているということ以上の意味がある。スウェーデン国内では、イケアは国家が誇るシンボルと見なされているし、現在のイケアの企業構造はスウェーデンとほとんどつながっていないにもかかわらず、スウェーデンの公的機関は今でもイケアを支援しているという事実がある。

数十年間にわたって、イケアは民主的で平等な福祉国家スウェーデンのイメージを利用してきた。イケアの物語はそれなりの地位を獲得し、公的な正統性もある程度手に入れている。実際、イケアはスウェーデンの象徴と見なされており、スウェーデン社会やスウェーデンデザインのイメージ像として選ばれることもある。

だからこそ、そこにどのような物語が掲げられているのかを問うとともに、一商業ブランドが、国の文化やイデオロギー、政治のイメージを宣伝するという重要な役割を担いうるという事実について、じっくり検討してみることが重要なのである。スウェーデン、およびスウェーデンデザインのイメージは、一企業の文化からどのような影響を受け、いったいどのようにしてつくり変えられてきたのだろうか。

イケアが盛んに「自社の歴史」を書いてきたこと、また、それをめぐってさしたる摩擦が生じてこなかったことについても本書は関心をもっている。イケアの歴史物語は、十分には吟味されないままメディアを通じて繰り返され、デザイン史の研究でも言及されてきた。イケア自身がつくりあげた歴史物語が威光を保っているのは、自社に関する展示会や本の出版にイケアが資金援助をしてきたからだ。イケアの物語は、他者によって他の文脈で受容され、再生産されてきたのである。(原注3)(2)

ある家具会社の歴史

改めて言うまでもなく、本書はイケアについての本である。ただし、イケアは巨大組織だ。それ自体が巨大であるだけでなく、イケアに関する資料も膨大な量に上る。

一七歳のイングヴァル・カンプラード［Ingvar Kamprad, 1926〜］が、自らの事業を会社として登録したのは、一九四三年のことだった。この会社は数十年のうちに、世界をリードする家具製造業者の一つに成長した。

当初カンプラードは、マッチやペンなどを中心にあらゆる品物を売っていたが、まもなく家具・インテリアを専門とすることを決めた。イケア（ＩＫＥＡ）という名称は、創業者のイニシャルと、彼が育ったエルムタリィド農場（Elmtaryd）、その所在地であるアーグナリィド村（Agunnaryd）の頭文字を組み合わせたものである。

一九五六年、イケアはいわゆる「ノックダウン式家具」を通信販売で売りはじめた。パッケージ化して配送された部品を、購入者が自分で組み立てるものである。その二年後、南スウェーデンの小さな町エルムフルト（Älmhult）にイケアの最初の店舗が置かれた。そして一九六五年には、ストックホルムの南にあるクンゲンスクルヴァ（Kungens Kurva）に旗艦店が開店している。スカンジナヴィア外での初店舗は一九七三年にスイスにつくられ、一九七〇年代を通じてヨーロッパ各地に次々とイケアストアが開店した。国外への出店は一九八〇年代も続けられ、複雑な企業構造が築かれたのもこの時期だった。

現在、イケアのコンセプトと登録商標は、先に述べたようにインターイケアシステムズ・BV社が所有している。新店舗開業の計画を練り、経営管理者や従業員の研修を統括するのがインターイケア社の役割である。イケアストアの運営に関する規約やガイドラインを各店舗が遵守しているかどうかを監督するのも、同社の仕事とされている。

二〇一三年の時点では、二六か国に二九八の店舗があり、（原注4）収支報告書によれば、年間売上高は二七七億ユーロ［約三兆八六七一億円］に上っている。

イケアの類を見ない成功と企業規模は、研究者の注目を集めてきた。とりわけ経営学において

（2）　具体的な事例については、三一四ページの原注（3）を参照。

は、イケアの内部組織とカンプラード独自のマネジメントスタイルに着目した研究がおこなわれている。(原注5) そこでの主要な関心は、こうした成功の鍵となった要素を見定めることにあり、高度なロジスティクスやビジネスモデルの独自性にその答えを求めるものが一般的であった。しかしイケアの成功は、強力な企業文化によってもたらされたものでもある。

一九九〇年に、イケアの社内に浸透している価値観とビジョンを分析した研究が発表された。この研究では、カンプラードの意見と考え方にもとづいて従業員の行動指針を示すガイドラインがつくられていること、彼の存在が強力な接着剤のように機能していることが指摘された。また、創業者の革新的で型破りなリーダーシップとイケアの企業文化の間には関連があるとしたうえで、カンプラードが経営から退いたあとのイケアが、どのようにして成長と繁栄を続けてきたのかという問いも掲げられている。(原注6)

イケアの成功にとって、イケアの企業文化、およびイングヴァル・カンプラード自身が大きな役割を果たしてきたことは間違いないだろう。他方、同じく重要な要素として、組織の「物語」とブランドに注目する研究も多い。(原注7)

スウェーデンの経営学者であるミリアム・サルツァー［Miriam Salzer, 1965〜］の著書『越境するアイデンティティー「イケア・ワールド」の研究』（一九九四年）は、入念なフィールドワークにもとづく優れた研究書である。サルツァーはイケアを一つの文化として分析し、社内のさまざまなレベル、さまざまな文脈に従業員独自の「物語」が存在すること、それらのなかに規範や知識が深く埋め込まれていることを指摘している。シンボル、文化、アイデンティティといったものが、組織の絶えざる発展プロセスのなかに組み込まれているのだ。(原注8)

物語は、組織の内部においてのみ重要であるだけでなく、外部とのコミュニケーションにおいても中心的な役割を果たしている。ブランドを印象づけるとともに、イケアが現在どのような会社であるか、今後どのようになっていくのかといったことについて、会社の内外に向けて言語化して指し示すものだ。

とりわけ、イケアがどのように、なぜ創業したのかを説明するサクセスストーリーは重要な位置を占めており、これをもとに、いくつものストーリーが組み合わさって物語がつくり出されている。もちろん、その物語は静的なものではなく、不変でもない。常に書き加えられ、修正され続けている、生きた物語である。さらに、イケア自身が新しい章を書き加えるだけでなく、消費者やメディアもそこに手を加えている。イケアブランドの神話、イケアのブランドストーリーはこのようにして維持され、物語が再生産されているのである。

物語というのは、結束を高めたりアイデンティティを確立したりするために昔から用いられてきた方法で、アメリカの政治学者ベネディクト・アンダーソン［Benedict Anderson, 1936～］が「想像の共同体」と呼ぶものに似ている。この共同体は、互いに知らない人々、これからも知り合いになることのない人々の間の連帯感のうえに築かれている。「つながっている」という感覚の基盤には、自らがコミュニティの一員であるというイメージがあるのだ。(原注9)

イケアもその例外ではない。イケアの物語は、それが真実であれ虚構であれ、消費者を惹き付け、連帯感とアイデンティティをつくり出し、従業員のやる気を引き起こすために用いられてきた。こうしたことを「ストーリーテリング」という概念を使って説明することもできるが、組織の内部や、社内外の文脈に即したビジネス上の語りに言及する際には、「企業のストーリーテリング」という概念のほうが明確である。(原注10)端的に言えば、企業の規範や価値観、目標やビジョンを従業員に内面化させるために、また消費者とのコミュニケーションに必要なツールとして、物語を利用することを指している。

一般的に、イケアのチェーン展開を成功に導いたのは、高度なロジスティクス、強力な企業文化、そしてカンプラード独自のリーダーシップであると言われている。また、「フラットパック」や価格の安さについて言及されることも多い。しかし、すでに述べたとおり、本書ではイケアのサクセスストーリーにおいて中心的な役割を果たしてきた「物語」を出発点とする。

ブランド構築にあたって社内外で物語が利用されるということは、決してイケアにかぎったことではない。正確に表現するならば、本書が考察する基本的な問いは、イケアの物語がこれほどまでに効果を発揮しているのはなぜなのか、ということである。

筆者の目的は、イケア成功のレシピを探り当てることではない。イケアの物語を分析し、脱構築することによって、ほかならぬこの物語が飛び抜けて効果を発揮してきたのはなぜなのかを説明することにある。そのためには、以下の問いへの答えを見つけなければならない。

- イケアの物語には、基本理念や原本のようなものが存在するのか。
- 物語のなかで強調されているものは何か、また触れないようにされているものは何か。
- この物語はどのように形成され、利用され、伝達されてきたのか。

イケアがスウェーデンとスウェーデンデザインを利用してきたという見方は、空想の産物などではない。現実の世界で多用されてきたイメージを見れば、これは一目瞭然である。イケアのカタログやウェブサイトには、スウェーデンの穏やかで美しい田園地方を描写した、感情に訴えかける写真が必ず掲載されている。ヘラジカも登場する。ヘラジカはたいてい道路の真ん中に佇み、じっと目を見開いている。また、ブロンドで青い目の人々がスウェーデンでの暮らしを楽しんでいる。一方、政治討論の場では社会問題が熱く論じられている。

本書は、イケアの物語が真実を正確に反映しているかどうかを見極めようとするものではない。筆者が目指しているのは、物語がどのように構成されているのかを明らかにすることである。分析を進めるなかでは直接的な批判もするが、対照的な物語を互いに関連づける作業もおこなう。

本書の基本的な目的は、ストーリーの真実性を追究することでも、イケアの物語を論破したり破壊したりすることでもなく、なぜこのような物語が登場したのか、どのようにして形成されたのか、成功の理由はどこにあるのかを説明することにある。

分析対象とする時期は、イケアの「スウェーデン化」が進行した一九七〇年代から二〇〇〇年代までとするが、とくに一九八〇年代と一九九〇年代に焦点をあてている。イケアがスウェーデン生まれの企業であることは、当初から重視されていたわけではない。たとえば、一九五〇年代には、社名はフランス語風のアクセントで「Ikéa」と綴られていた。世界進出をはじめるにあたって、より明確でわかりやすい特徴を打ち出すために、スウェーデン発祥の企業であることが強調されるようになったのだ。

イケアが自らの歴史や起源、アイデンティティを戦略的に練り上げはじめたのは、企業規模が拡大したのとほぼ同じ時期である。従業員向けの研修が整備され、会社の価値観、スウェーデンの田舎で受け継がれてきた伝統の重要性が教えられるようになった。イケアは単なる営利追求企業ではなく、社会的使命を果たそうとする企業であると強調されるようになった。(原注11) イケアがどのように、なぜはじまったのかを語る創業物語では、とくにそれが顕著である。

物語や歴史のなかでは、現実はいつも脚色されたり編集されたりする。真実を語る物語もあるが、ドラマをつくるかのように現実がすり替えられることもある。よいストーリーをつくるために、状況や事実に手が加えられるのだ。コレクションやブランドにまつわる物語が第一で、商品ラインナップ、家具、デザインそのものは二の次とされる。

物語を研究の出発点にするというアプローチは、物質的なことを考察するデザイン史研究とは一線を画している。デザイン史研究においては、主として造形、製法、材料、デザインに関心が向けられてきたが、(原注12)(3)本書での関心は、イケアの商品、およびスウェーデンデザイン全般に付着している文脈、言説、レトリックにある。それゆえ筆者は、イケアの商品そのものではなく、イケアのデザインをめぐるイメージ、歴史、フィクションに注目してきた。

言説分析にはさまざまな手法があるが、本書では物語理論（narrative theory）を中心に据える。イケアの商品デザインは単なるデザインではない。物語も一緒にデザインされており、その物語は他の物語描写を題材にして組み立てられている。イケア全体から見れば、これはごく狭い範囲の活動にすぎないが、イケアブランドとイケアの成功を理解するためには欠くことのできない部分である。

こうした出発点から解釈を進めていくには、視野を広くもたねばならない。たとえば、政治や文化などについて考えてみるといった回り道も必要だ。この本で扱うような問題は、多様な学問

（3）　デザイン史研究の動向については、三一三ページの原注（12）を参照。

領域から理論的枠組みを借りつつ、いくつもの領域の間を往還しながら分析していくことが求められる。

イギリスの文化研究者エリザベス・ウィルソン［Elizabeth Wilson, 1936～］がファッション史研究に関して指摘しているように、分析対象を個別に切り離して見てしまうと、その複雑さを理解することはできないし、政治、ジェンダー、経済といった領域との関連を理解することも難しくなる。(原注13)(4)それらの継ぎ目を確かめることはできるかもしれないが、決め手となるのは継ぎ目ではなく、それが置かれている文脈なのである。

事実とフィクション

政府や企業は昔から、自らの位置を示すために、国民性や国を象徴する指標［ナショナル・マーカー］を用いてきた。たいていの場合は、他者との違いを打ち出すために魅力的な特性が強調される。だが、デザインというマーカーは、国家の特性を示しうるものなのだろうか。

筆者は、スウェーデンデザインには、はっきりとした固有の特質はないと考えている。むしろ、スウェーデンデザインの特色とされてきたものに関するイメージ、歴史、あるいはフィクションが、解釈を方向づけているのではないだろうか。
「スウェディッシュモダン」という概念は、それを示す好例だ。これは、モダニズムのなかでもより柔らかな作風を言い表すために、一九三〇年代につくられた造語である。メタル管の代わりに木材を使い、硬質で角張ったデザインではなく、有機的な形状を志向するスタイルを指す。このスタイルが登場したのは、スウェーデンの政治的主流［社会民主主義］が形成されたのと同時期だった。また、この概念は、スウェーデン人デザイナーの国際的成功を示す例として今でもたびたび取り上げられている。

ただし、スウェーデンの美術史家イェフ・ヴェルネル［Jeff Werner, 1961〜］が指摘しているように、アメリカ人デザイナーによるアメリカ製の家具が「スウェディッシュモダン」と形容されることも多い。このスタイルが「スウェディッシュ［スウェーデン風］」と呼ばれたのは、スウェーデンという国家をめぐる物語、スウェーデンデザインをめぐる物語の作用によるもので、デザインそのものがスウェーデン的であったわけではないのである。(原注14)

ポストモダンの言説では、私たちの現実理解の基本は言語にあるとされている。実際、世界の認識の仕方は人によってさまざまだ。ここで重要なのは、過去や現在についての私たちの認識が、

（4）　近年のファッション史研究の射程については、三一一ページの原注（13）を参照。

ストーリー、イメージ、メタファー、単語といったものから影響を受けているということである。これらの助けがなければ、計り知れないほど複雑で断片化された世界を説明することなどできない。

物語は、設計図のように現実を再現しているわけではない。むしろ、物語は私たちの認識を単純化し、美化している。私たちが考えなければならないのは、誰がその物語を語っているのか、その目的は何なのかということだ。

よく知られているとおり、企業は物質的な商品を生産したり、サービスを提供したりしているだけでなく、ブランドをつくり出してもいる。企業がつくり出すブランドは、ロゴタイプや商品に限定されるものではない。製造者間の競争は、もはや価格や品質をめぐるものではなく、企業そのものをどのように語るのかが中心となっている。

ビジネスの焦点は、実在する有形財から無形財へと移っている。(原注15) 感覚、アイデア、イメージ、ストーリーといったものを組み込んで、ブランドが構築されている。そこには、固定的な意味や不変のコンテンツなどは存在しない。時期と状況に応じて、中身は常に変化していく。

ブランドが単なるラベル以上のものになれば、ブランドの重要性、ブランド戦略の重要性はさらに増大する。従来の心理学は、「アイデンティティ」を矛盾のない一貫した自我であると解釈してきたが、近年では、アイデンティティは固定的なものではなく、成長していくものだと考えられるようになっている。要するに、自我というのは明確に示せるようなものではなく、徐々に構築されていくものなのである。

ブランド・アイデンティティについても、同じように理解することが可能だ。企業は、自社のアイデンティティを構築すること、そして、それを維持することにかなりの資源を投じている。自分たちが重視する価値観や特性についての物語をつくり、グラフィックデザインなどを用いた意識マネジメントを図りながら、「個性」、すなわち他者とは異なる独自のアイデンティティを築き上げようとしている。

ブランド戦略とは、単純に言えば、自らを定義することによって市場のなかでの自らの位置づけを明確化し、存在を際立たせることである。自社の商品やサービスに加え、自社が掲げる価値観や存在意義を、ストーリーやイメージを用いて伝達するのである。

もちろん、ブランドが実際にどのように認知されるかは、ブランドが求めている理解のされ方と同じではない。会社が自らのアイデンティティをどのように定めるかということと、そのアイデンティティが実際にどのように受け止められるかということの間には、大きな隔たりがありうる。それゆえ、会社が自らを表現するためにつくりあげたイメージや物語と、それを受け取る側の意識に実際につくり出されるものとが異なってくることもある。

一九九〇年代には、ドラマトゥルギー［作劇に関する方法論］に対する企業の関心が高まり、

「企業のストーリーテリング」と呼ばれるものが次第に一般的になっていった。よいストーリーには経済的な潜在力があるという考え方が注目を集め、経営コンサルタントが企業に対して、ブランドを構築すること、物語を利用することをすすめるようになった。

ブランドや物語がマーケティングのツールとして有効であること、さらに企業文化を強化し、従業員の連帯感を促進する方法でもあることは、今ではよく知られている。アメリカでは、ビジネスやマーケティングの領域で『シェイクスピアの経営学』（一九九九年）や『英雄たちの遺言――古典に学ぶリーダーの条件』（一九八七年［邦訳一九九〇年］）といった本が出版されている。これらが文学の世界にビジネスのヒントを求めたものであることは、タイトルからわかるとおりだ。(原注16)

物語の手法のほうが従来の情報伝達よりも効果的であるという見方は、政策立案者たちの間でも広く共有されている。要するに、よいストーリーこそが成功の鍵だと考えられているのである。ロルフ・イェンセン［Rolf Jensen, 1942～］が著書『物語（ドリーム）を売れ――ポストIT時代の新六大市場』（一九九九年［邦訳二〇〇一年］）で述べているとおり、「最高のストーリーを伝えられる人、ストーリーを一番うまく語れる人、そんな人なら誰でも勝利を収めることができます」(原注17)というわけだ。ビジネスの核心は説得力にあるという考え方、人を説得したいならストーリーの語り方を学べという考え方も、この手法の優位性を説明するものである。(原注18)(5)

実際のところ、物語を練り上げるということは、会社の歴史と戦略をつくり直し、体系化することである。商品と伝統を物語のなかに組み込むのは、感情を喚起するためであり、競争相手との違いを示すためだ。また、人々の関心を惹き付け、魅了するという目的もある。ある事実は、物語の一部となることで意味をもつものとなり、記憶したり、何かと関連づけたりもしやすくなる。物語は文脈のなかで理解されるものだからだ。

現代の経済活動の大部分を占めるのは、商品を買うこと、ライフスタイルや夢を買うことである。それゆえ、ストーリーテリングは、「ストーリーを売ること」に近いと言える。(原注19)

企業の物語では、その会社がどのように、なぜ設立されたのか、現在はどのような考えをもっているのか、将来に向けてどのようなビジョンを掲げているのかといったことがよく取り上げられる。物語がつくりものであるということについては、さほど異論はないだろう。だが、実際の状況がそこでどのように作用しているのかについては意見が分かれる。物語は現実にもとづいてつくられているはずだと考える人もいれば、物語の真実らしさ、信憑性の高さこそが重要な論点だと主張する論者もいる。(原注20)

（5）　企業のストーリーテリングは、映画やテレビ番組などの脚本と似ている。この点については、三一二ページの原注（18）を参照。

『ストーリーテリング――現代の心を魅了するもの』（二〇一〇年）の著者であり、〈ル・モンド〉紙のコラムニストであるクリスティアン・サルモン［Christian Salmon, 1951〜］は、ビジネスの手段として導入されたストーリーテリングが政治的空間にも影響を及ぼしているという見解を述べ、アメリカにおけるマーケティングの事例、およびフランスの政治の事例を取り上げながら、その具体的な展開を示している。

サルモンによれば、このような成功志向のストーリーテリングには、文学や古典的神話よりも明確に自覚やシニシズムが内在しているという。（原注21）だからこそ、権力や影響力を行使するための道具として、物語の手法が用いられてきたのである。

国家や地域、都市が自らを売り込むということも昔からおこなわれてきたが、ここにおいてもブランド戦略の重要性が徐々に高まっている。厳しい国際競争のなかで、企業セクター以外の組織もアイデンティティの形成を模索するようになっているのだ。多くの国家が、ナショナル・アイデンティティの維持・強化に莫大な資金をつぎ込んでいる。（原注22）

「企業のストーリーテリング」への関心の高まりと並行して、物語の利用のされ方についても盛んに研究されるようになった。こうした研究は、歴史とは同時代の産物であり、さまざまな目的のもとで形づくられ、創造され、利用されるものだという認識を出発点としている。

一九世紀には、フリードリヒ・ニーチェ［F. W. Nietzsche, 1844〜1900］が歴史の利用のされ方についての研究に没頭していた。[原注23] スウェーデンの歴史家クラース・イェーラン・カールソン［Klas-Göran Karlsson, 1955～］は、ニーチェが歴史の学び方、学ばされ方を分類したことに示唆を得て、[6] 歴史の用いられ方を、科学的用法、実存的用法、道徳的用法、イデオロギー的用法、使用しないという用法、政治教育的用法、商業的用法の七つに類型化している。[原注24]

本書にとってとくに興味深いのは、歴史の商業的用法だ。歴史は映画やフィクション作品、雑誌、広告などのモチーフとなり、幅広い人気を博している。ビジネス目的で歴史を語るということが、過去に関する私たちの見解に大きな影響を及ぼすのはまちがいない。これに関してカールソンは、「大衆文化のなかで歴史に何が起こるのか」という、やや大げさな問いを提起している。ひとたびハリウッドに持ち込まれると、ホロコーストといった悲劇でさえもアメリカ的ビジネスバリューという装飾をまとわされ（「幸せな結末」をひねり出すのはほぼ不可能だが）、アメリカナイズされてしまうのだ。[原注25]

「企業のストーリーテリング」は必ずしも過去を振り返るものではないが、会社の来歴が重要な役割を果たしているケースは多い。「歴史マーケティング」と呼ばれるものを支持する人々は、企業文化を増強するために、社史を保存し伝達することが重要だと主張する。会社の歴史がマー

（6）ニーチェによる分類については、三一一ページの原注（23）を参照。

ケティング戦略において不可欠の資源だと見なされているのは、その会社固有の社史は、競争相手に決して真似されることがないからである(原注26)。

社史を専門に扱う業者まで出現している。ミュージアムを設立したり、展示会を企画したり、記念イベントを開催したり、社史を本にしたりする業者のことだ。アメリカのコンサルティング会社「ザ・ヒストリー・ファクトリー(The History Factory)」は、次のように謳っている。「ホメロスやシェイクスピア、あるいは最新のハリウッドの大ヒット作と同じくらいの実績をもつ技術で、組織のストーリーを語るお手伝いをします。『Our Story ARC™』の手法を用いれば、あなたがたの組織の物語を、情報豊かに、そして実に面白くつくりあげることができます(原注27)」

自己イメージのマニュアル

イケアは自らの成功を、独特のビジネスアイデアとコンセプトの賜物であると言っている。このコンセプトは、イケアにとって神聖なものだ。

「私たちがコンセプトを固持していけば、滅びることはありません(原注28)」

こうした説明はパンドラの箱を想起させるが、ある意味では、秘密にされているものは一切ない。イケアストアに行けば、誰もがそのコンセプトを間近に観察することができる。他の多国籍チェーンと同じく、販売の原則は世界中どこでも変わらない。したがって、その伝説のコンセプトは、フランチャイズ料を支払えば手に入れられるビジネスモデルであると言ってもいいかもしれない。

イケア社内のイントラネット上には、「イケアの景観マニュアル」という項目がある。ここには、ロゴタイプの利用方法からイケアストア全体の見た目に至るまで、機能性を最適化するためにあらゆることを厳密に指示したリストが隠されている。ブランド・アイデンティティをどのように利用すべきか、どのように売り込むかを説明したマニュアルも存在する。

ガイドラインを示したマニュアルは社内向けのものではあるが、こうした資料が社外秘とされているわけではない。これらのマニュアルには、イケアがどのようなイメージを目指しているのかが示されている。イケアの自己イメージやイケア物語もこれに関係しているが、当然ながら、厳密には同じものではない。

世界中のどのストアでも、商品の名称や見た目は同じである。だからといって、それらがどの場所でも同じ意味をもっているわけではないし、同じように理解されているわけでもない。解釈のされ方や理解のされ方を見るにあたっては、文化的、経済的、社会的な要因を考慮する必要がある。

地域によって異なるイメージをもつグローバルブランドは、イケアのほかにも多くある。「コカ・コーラ」は貧しい国ではなかなか手に取れない高級品だが、西洋では日常生活に密着したものだ。意味は変化する。だが、可能なかぎり販路を広げるという目的は変わらない。

このようなブランドは、世界中のどこでも理解してもらえるようなわかりやすい物語、明確なアイデンティティをつくり出すことにエネルギーを傾ける。イケアの場合、組織の中央に位置するインターイケアシステムズ・BV社が、個々のストアにコンセプトを伝達することになっている。

会社のイメージ、シンボル、用語、メタファーはどこでも同じだが、それらが消費者にどう理解されるかは国によって異なる。もちろん、社会階級や文化資本によっても違う。

イケアストアを低価格の店だと認識している地域は多いが、ロシア人から見たイケア商品は、スウェーデン人が感じるほど安いわけではない(原注29)。ロシア人にとって、イケア商品やイケアブランドは、スウェーデン人が感じるよりもステータスが高いのだ。同じく、イケアの有名なミートボールは、スウェーデン人に対しては一種の日常的ナショナリズムとして作用するが、他の国の人々にはエキゾチックなものと見なされている。

グローバル化が進むことによって、地域ごとの解釈の違いも生み出される。イギリスの社会学者アンソニー・ギデンズ［Anthony Giddens］が述べているように、習慣、意味、シンボルといったものは、地域を越えてやり取りされる際に元の文脈から切り離され、やがて行き着いた先で身を落ち着ける。つまり、その地域に即して翻訳されるのである。(原注30)

たとえば、ドイツ人はスウェーデンへの思い入れが深く、理想社会として熱烈に称賛している。そのため、スウェーデンの描写はきわめて定型的だ。スウェーデンの多島海で撮影されたドイツのテレビシリーズ『インガ・リンドストレーム（*Inga Lindström*）』は、登場人物全員がブロンドで、ボルボ車を運転し、赤い家に住んでいる。その家には白いポールがあり、青と黄色の旗がたなびいている。スウェーデン人から見ると過剰なまでに陳腐なのだが、多くのドイツ人視聴者にとっては、このシリーズがスウェーデンのロマンチックな光景の雛型となっている。(原注31)

スウェーデン的伝統や北欧的な平等観、先進的な福祉政策などをちらつかせるイケアのテレビCMも、これとほとんど変わらない。(原注32)青と黄色のイケアカラー、頻繁に登場するスウェーデンの田舎の風景、そして福祉に関する描写、これらがドイツ人に語りかけるものは、たとえば中国人の視聴者が受け取るものとはまったく異なっている。

もちろん、イケアのマーケティングは世界のどこでも同じというわけではない。広告とコマーシャルに関しては、ブランド・アイデンティティを明確に規定したガイドラインがつくられてはいるが、広告を制作する代理店は国ごとに異なっている。(原注33)つまり、マーケティング戦略は一様ではなく、地域の事情や国民性が考慮されているのである。

イケアの広告のなかには、一般的な慣習に異議を申し立てるものも多くある。(原注34)「スティーブ」が男性パートナーと一緒にダイニングテーブルを選んでいる様子を描いたアメリカのコマーシャルは、その顕著な例である。このコマーシャルは、アメリカ人の家族観に揺さぶりをかけたとして保守派を憤慨させたが、リベラル派の人々からは称賛を受けた。(原注35)おそらく、サウジアラビアやロシアでは、この映像が同じように作用することはないだろう。

本書では、イケアが多様な国々においてどのように受け入れられているかということにも言及するが、中心的に論じたいのは、イケアブランドの自己イメージと、それがガイドラインにおいてどのように表現されているのかということである。イケアの広告が国によってどのように違うのかを比較することにより、とくにマーケティング戦略における各国の事情について、より広い視野から捉えることができるだろう。また、イケアの国際的受容に関する理解も深まるだろう。国や集団によって理解のあり方がどのように異なっているのか、それはなぜなのかという問いも確かに興味深いものだが、それはあまりにも大きな課題で、本書の射程を超えている。

先に述べたとおり、イケアに関する研究は経済学や組織論によるものがほとんどで、社内の活動に焦点を当てたものが多い。(原注36)だが、イケアをめぐっては他にもたくさんの重要な論点があり、なかには経済学が決して関心をもたないようなものもある。また、イケアは世界各地に進出しているが、文化的な側面について扱った研究は手薄である。その理由としては、イケアが最近までさほど目立つ会社ではなかったことなどが考えられる。また、初期の資料は主としてスウェーデン語で書かれているため、言語的な障壁もあるのだろう。

ただし、文化的なことに関心を寄せる研究がまったくないわけではない。イケアの認知のされ方については、アメリカとフランスの事例を扱った研究がある。(原注37)特定の論点に焦点を絞った研究は数多くあり、たとえばイギリスの消費者が何を家具の価値と見なしているかを論じるなかで、イケアの理解のされ方に注目しているものがある。(原注38)また、人々がイケアでの買い物をどのように感じているかを、ストックホルムとダブリンの比較から論じている研究もある。(原注39)もちろん、カタログの変遷についても研究されている。(原注40)

一般向けに書かれた本には、デザインや商品に関する情報を豊富に盛り込んだものが多いが、焦点が曖昧で批判的な距離観に欠けるものもある。もっとも多いのは、経済学的な観点からマネジメントに焦点を当てて書かれたものである。(原注41)

さらに、イケアからの委託を受けて書かれた本もあり、イケアに疑問を投げかける本や、真っ向から批判する本などもある。

スウェーデンの著述家バッティル・トーレクル［Bertil Torekull, 1931〜］の著書『イケアの歴史』(7)（一九九八年）は、カンプラード自身が依頼して書かせた本だが、そのわりには公平で忌憚のない人物描写がされている。(原注42)また、ジャーナリストのトーマス・フェーベリ［Thomas

Sjöberg, 1958～］の著書は、カンプラードがかつてナチスを支持していたというスキャンダルにもとづき、カンプラードのナチス人脈を容赦なく追ったものだ。(原注43) 同じく批判的な論調で書かれている『イケアの真実』(8)（二〇一〇年）は暴露本と言ってもよいもので、イケアの元従業員ヨーハン・ステネボーがかつての上司を非難している。(原注44)

本書では、イケアから従業員に向けて示された情報を重点的に検討する。こうした情報は、販売手法、ブランド戦略、目標やビジョンを論じた文献や、イケアの文化や伝統、歴史を記録した出版物から収集した。これらの資料は、イケアの歴史アーカイブ（ＩＨＡ）やストックホルムの王立文書館（ＮＬＣ）が所蔵しているものを閲覧した。初期の資料はスウェーデン語で書かれており、印刷されたものしかないが、最近の資料のなかには英語で書かれたものもあり、全従業員がアクセスできるイケアのイントラネット上で見ることができる。本書では、両方のデータを利用している。

その他の資料、たとえば対外的なものや一般に公開されているものにも、イケアがマーケティング戦略の一部として発表してきた情報が含まれている。個別のコレクションや商品に特化したカタログ、記念誌として出版された本などはとくに重要である。そのほかに、ハンス・ブリンドフォシュ［Hans Brindfors］氏が個人で保管している資料も閲覧させていただいた。ブリンドフォシュ氏は、イケアが国外進出を開始した時期に契約を結んでいた広告代理店で社長を務めていた人物である。

資料がスウェーデン語のみである場合は、本文では文献情報を翻訳して示している。イケアが英語で作成した文章がある場合はそれを使用しているが、言語用法に関してはイケアの英文がかなり個性的であることに留意していただきたい。もしかしたら、イケアのこうした独特な英語の使い方は、誠実さや気取りのなさを示すための意図的な戦略なのかもしれない。

スウェーデン外務省の図書館とアーカイブ（ＬＭＦＡ）には、国際舞台におけるイケアとスウェーデンの関係を分析するための資料を提供していただいた。また、インタビュー調査も数多く実施し、ほかでは入手不可能な情報が得られただけでなく、考察を深め分析視角を確立する際の助けとなった。この二点において、インタビュー調査は大切な作業であった。インタビュー対象者は基本的に、イケアのブランド構築や企業文化にかかわる重職に現在就いている人物、あるいは過去にその職に就いていた人物である。

本書は全体としては時系列で書かれており、テーマごとに構成されている。第2章では、イケアがストーリーテリングを活用する組織として突出した役割を果たしてきたことに焦点を当てる。

（7）この本の第二版が、『イケアの挑戦――創業者は語る』（楠野透子訳、ノルディック出版、二〇〇八年）として邦訳出版されている。

（8）（Johan Stenebo, 1961～）カンプラードの側近として長年イケアに勤務した。退職後、三冊の本を出版している。

主に明らかにしたいのは、イケアストアをめぐる基本の物語、いわば土台、中核と言えるようなものだ。イケア神話においては、社内で言い伝えられてきたものが重要な位置を占めているが、外部に向けたマーケティングのなかにも見るべきものがある。

イケアの物語のなかでは、「スウェーデン」に関する要素が突出している。第3章では、イケアが用いるレトリックに登場する「スウェーデンらしさ」を分析する。また、「スウェーデンらしさ」を高めるための商品展開についても検討する。

第4章では、スウェーデンというブランドにとってのイケアの重要性について考察する。国家のブランド戦略においては、国内の諸ブランドが重要な役割を果たすことが多いが、イケアを見ればこのことが実によくわかる。イケアストーリーとスウェーデンデザインは、他のアクターを引き離して圧倒的に支持されているのである。

続く第5章では、イケアの自己イメージを、イケアへの直接的な批判と関連付けながら分析する。そして、最後の章では、本書の結論をまとめつつ、イケアが近代消費文化の一部であるということを原点に立ち返って検討する。

第2章 イケアの物語

「昔むかし、スモーランドと呼ばれる貧しい田舎で、一人の男の子が生まれました（原注1）」

イケアの創業物語は多くの寓話と似ている（1）。そして、イケアの企業文化に染みわたっている。イケアの社内のみならず、世界中に数多くのイケア物語が存在しているが、とくに多いのは、販売手法、商品、そして創業者の質素なライフスタイルについてのストーリーだ。イケアは、「企業のストーリーテリング」の先駆者として世界的に知られている。このことが本章の出発点である。

イケア物語の基礎をなす二冊の本がある。『ある家具商人のテスタメント（*The Testament of a Furniture Dealer*）』（一九七六年）と『未来は可能性に満ちている（*The Future is Filled with Opportunities*）』（一九八四年）である（原注2）。この二冊には、イケアがいかにしてはじまったのか、現在どのような考えをもっているかが書かれている（次ページの写真参照）。イケアの内外で語ら

（1）多くの寓話は、主人公の誕生からストーリーがはじまり、テーマを擬人化して訓話的な性質をもたせるといった工夫がなされている。イケアの創業者を主人公として会社の歴史を語る物語も、同様の構造をもつと解釈できる。

れる各種の秘話、神話、ストーリーは、基本的にはこの二冊の本にもとづくもの、あるいはこの二冊を補完するものだ。つまり、この二冊が「原本」であると言ってよい。

前述したように、イケアは「企業のストーリーテリング」の先駆者である。イケアは何を語ってきたのだろうか。どのようにそれを伝えているのだろうか。どのようなタイプの物語をつくってきたのだろうか。またそれは、企業文化にとってどのような意味をもっているのだろうか。イケアの事業にとって、重要なポイントは三つある。「ビジネスアイデア」「企業文化」、そして「カタログと店舗の相補性」（原注3）だ。

『未来は可能性に満ちている』（1984年）の表紙。著者はスウェーデンの広告代理店ブリンドフォシュ社のレオン・ノルディン（Leon Nordin）。この本は現在もなおイケアの歴史を語るものとして参照されている。（インターイケアシステムズ・BV社の許諾を得て掲載。© Inter IKEA Systems B.V.）

エルムフルトにあるイケア文化センターを見れば、イケア内部で物語が重要な役割を果たしていることがよくわかる（左の写真参照）。このセンターは、世界中からやって来る従業員に研修をおこない、イケアの文化とイケアブランドをしっかりと植え付ける場所である(原注4)。

　入り口のすぐ外にあるのは石垣の一部だ。これは、「勤勉」「節約」「忍耐」を表すイケアのシンボルである(2)。最近開店したばかりのエルムフルトのストアも、周りを石垣で囲まれている(原注5)。センターの正面ドアのハンドルは、よく知られたイケアの六角レンチ「アーレンキー（Allen key）」を大きくしたような形をしている。アーレンキーは、「魔法の鍵、デモクラシーのための重要な道具、イケアの家具を組み立てるための鍵」なのだ(原注6)。

　建物の中には、講義に使う大教室があるほ

（2）シンボルとしての石垣の重要性については、三〇九ページの原注（5）を参照。

エルムフルトにあるイケア文化センター「IKEA Tillsammans（イケアとともに）」（インターイケアシステムズ・BV社の許諾を得て掲載。© Inter IKEA Systems B.V.）

か、全カタログのコレクション、全ストアの所在地を示す地図、そして各時代のインテリアについての展示がある。従業員のみを対象とする対話型展示には厳選された業務場面が示され、そのやり方が定まった経緯と理由について教科書的な説明が付されている。外国から来た人々は、コーヒーマシンの近くで、「フィーカ」の概念(3)を学ぶことになる。

「フィーカ（FIKA）――スウェーデンのコーヒー休憩は、単なるコーヒー休憩ではありません。これは一種の儀式なのです」(原注7)

ここを訪れた人々は、スウェーデンの日常生活について学習するかたわら、スモーランド文化の体験活動にも参加することになる。「スモーランド体験」としておこなわれるのは、石垣を造ったり、ザリガニを釣ったり、地元の農場を訪ねたりといったことだ。こうしたアクティビティの狙いは、イケアの企業文化がスモーランド人の気質や伝統からいかに影響を受けているかを、実際の体験を通じて参加者により深く理解させることにある。(原注8)

さらに、何よりも大切なのは、イケア文化においてもっとも重視されている『ある家具商人のテスタメント』に参加者が習熟していくことだ。

カンプラードがテスタメント［聖なる書］を書いたのは、イケアが外国への進出を計画していた時期であった。このテスタメントは、イケアのイデオロギー的、精神的な砦とされており、あらゆる状況で常に引き合いに出され、社内では「神聖な記録」と見なされている。テスタメントの冒頭には、「より快適な毎日を、より多くの方々に」という全体構想が掲げられている。何度も繰り返し登場する言葉である。(原注9)

テスタメントは九つのテーマからなっている。ここには、カンプラードの価値観、構想、そして社内に浸透している「イケア精神」が要約されている。

❶イケアの商品展開——当社のアイデンティティ。
❷イケア精神。現実は力強く活気にあふれている。
❸利益をあげれば資源が増える。
❹わずかな資源でよい結果を得る。
❺簡潔さは美徳である。
❻違う方法でやってみる。
❼成功の秘訣は集中すること。
❽責任を負うことは特権である。
❾ほとんどのことがまだ手つかずだ。未来は輝いている！

（3）「フィーカ」の具体的な意味については、三〇九ページの原注（7）を参照。

カンプラードのテスタメントの中心にあるのは、イケアという会社、およびイケアのスタッフには果たすべき使命がある、というメッセージである。カンプラードは、会社が存続し成長していくためには利益が重要だと強調する。だが、従業員の意欲喚起や動機づけのために報奨金を利用することはない。従業員の熱意は、一般の人々の日常生活をより快適なものにしたいという大志から生まれるはずだという考えを、彼は繰り返し述べている。

「財源の強化に向けた努力は、長期的に見てよい成果を収めることを目的としている」(原注10)

イケアが生産性の高い大規模な国際組織へと成長し、その不可避の結果として複雑な構造をもつに至ったのは、カンプラードがテスタメントを書いたあとのことである。テスタメントを見るかぎりでは、カンプラードはイケアが小さな企業であったころと同じように、スタッフが誠実で理想に燃えている状態を維持しようと考えていたようだ。そのために必要なのは、強力なチームスピリットと献身であり、さらに、仲間意識や親密さ、団結や平等といった概念も鍵になる。

「互いに何でも助け合おうという気持ち。わずかな資源をやりくりする工夫、あるものを最大限に活用する知恵。ケチだと言ってもよいほどのコスト意識。謙虚さと不朽の熱意、良い時も悪い時も変わらない見事な共同体意識」(原注11)

カンプラードのテスタメントでは、すべての人が組織の一員と見なされている。

「私たちの社会を支えてくれている人々に感謝しよう！　素朴で物静かで、当たり前のようにそこにいて、いつだって手を差し伸べて助けてくれる人々（原注12）」

だが、同じくらい重要なのは、すべての従業員がコスト意識をもつこと、つまりは節約である。

「これこそが私たちの極意、私たちの成功の秘訣なのだ（原注13）」

目指されているのは、裕福でない人でもイケアで買い物ができるように、ギリギリまで価格を抑えることだ。

「資源を無駄にすることは、イケアでは大罪である（原注14）」

経済的な節約だけでなく、気取らず謙虚に振る舞うことも求められる。

「簡潔に振る舞うことによって強さが生まれる。（中略）私たちには高級車、立派な肩書、テイラーメイドの制服（原注15）といったステータスシンボルは必要ない。私たちが信頼するのは、自分自身の強さと意志である」

カンプラードは「私たち」について書くことで、イケアの独自性を際立たせる。彼が考えるイケアは他社とはまったく違う会社であり、スタッフには、新しいアイデアを出すことや、少しばかり大胆であることを期待している。

「あえて違う方法でやってみよう！　大きなことに取り組むときだけでなく、毎日の小さな問題を解決する際にも、違う方法でやってみるのだ。（中略）型を破るということは、それ自体が目的なのではない。発展や改善の飽くなき探求を、意志をもって表現することなのだ（原注16）」

思い切って現状に挑戦するには、自発性とある程度の勇気が必要だ。失敗を恐れる気持ちが障害となってはならない。

「失敗をしないのは、眠っている者だけだ。（中略）失敗を恐れる気持ちが官僚主義を生み、発展を妨げる」（原注17）

カンプラードのテスタメントの九番目にある最後の主張は、自制心と結束に関するもので、いわばかぎりない楽観主義への称賛である。そして、ここでの語調は仰々しい。

「不可能と消極性を断固としてかたくなに拒否するような、前向きな狂信者の集団であり続けよう。私たちがしたいこと、私たちにできることを、一緒に実行しよう。未来は輝いている！」（原注18）

『ある家具商人のテスタメント』からは、カンプラードが早いうちから独自の経営理念を展開していたこと、彼の指導力が際立っていたことがはっきりとわかる。福音的な熱情を帯びた文章は、聖書に書かれた戒律や教理問答書を思い起こさせる。感嘆符がやたらと多く、神の救済のような語調で、言葉遣いは牧師の説教や政治家のスピーチを連想させる。

イケアに関して書かれた本では、宗教や軍事的な出来事との結び付きが語られることは珍しくなく、『旧約聖書』や『新約聖書』、ルター派の倫理観が引き合いに出されることも多い。初期には、イケアを三位一体にたとえて「父と息子と聖アンダシュ（元ＣＥＯ）」と表現した従業員もいた。[原注19] イケアコンセプトは「聖なるもの」、スタッフ研修は「聖書学校」、従業員は「コマンド部隊」「ビジネスマン・カウボーイ」と表現され、カンプラードはさしずめ「法王」だ。「(イケアは) カトリック教会にとってのバチカンのような機能をもっている。市場におけるショッピングの聖堂で、正しい信仰が実践されるようにしているのだ」[原注20]

テスタメントは、一九八〇年代半ばに『イケアの要点』(一九八四年) と題する簡易版に改訂された。[原注21] これと合わせて『イケア小辞典』(一九八四年) が作成され、とくに重要な用語やコンセプトについて詳細な解説が付された。解釈に誤りが生じないようにするためだ。

「謙虚さ／自制心／簡素さ／多くの人々のために／何とか対処する／経験してみる／違う方法でやってみる／何が起こるか分からない／失敗への不安／ステータス」[原注22]

そして、その核心が「イケアウェイ」である。

「イケアウェイとは、私たちの価値観の総和であり、私たちが信頼するあらゆるものの融合である」[原注23]

「イケアウェイ」というコンセプトは、イケアの経営理念を要約したものであるとともに、一九八六年より開始されたスタッフ研修のタイトルでもある。[原注24] この研修では、基礎としてカンプラードのテスタメントを学び、さらに九つのテーマを、『未来は可能性に満ちている──イケアの哲学物語』(一九八四年) に示されているイケアの歴史と結び付けて学ぶことになっている。[原注25]

イケアストーリー

『未来は可能性に満ちている』(4)は、スウェーデンの広告代理店ブリンドフォシュ（Brindfors）社のレオン・ノルディンによって書かれた。イケアとブリンドフォシュは、一九七九年から協力関係にある。『未来は可能性に満ちている』は、いつ、どこで、どのように、なぜイケアが誕生したかを知るための歴史書として、今なお重宝されている。

イケア物語はさまざまな文脈で登場し、長さの異なるいくつものバージョンがある(原注26)が、ノルディンの表現と切り口を借りて要約すれば次のようになる。

スウェーデン・スモーランド地方の貧しい田舎に生まれた男の子。名前はイングヴァル・カンプラード。彼は幼いうちから、自分で生活費を稼ごうと決めていました。彼にはビジネスのセンスがありました。問題や障害を気にするよりも、解決方法や可能性を考えるタイプだったのです。やがて、マッチ、クリスマスの飾り、パックに小分けされた種子、ペン、時計などを自転車で売り歩くようになりました。

ペンの商売は予想外にうまくいきました。事業があまりにも大きくなったので、名前が必要になりました。そこで彼は、イケア（ＩＫＥＡ）という名前を付けたのです。彼のファーストネームと名字の頭文字に、彼の家族が営む農場の名前、彼が住んでいる村の名前のイニシャルをくっつけたものでした。

数年後、彼は事業をさらに拡大し、メールオーダー方式の販売をはじめました。客に送る荷物は、牛乳配達のトラックに載せてもらい、鉄道の駅で受け渡します。しかし、まもなく牛乳の配達経路が変更になり、彼の荷物を運んでもらうことができなくなりました。

幸運なことに、近くの小さな町で古い建具工場が売りに出されていました。若きカンプラードはその工場を買い取りました。初めての大きな投資です。会社が形になっていきました。この地域には、いくつかの家具工場がありました。それらの工場を経営していたのは、倹約家でよく働くスモーランド地方の人々です。やがてカンプラードの通信販売カタログは、そうした工場の商品でいっぱいになりました。

家具工場の経営者たちが倹約家であったことは、カンプラードにはとてもありがたいことでした。彼は当初から、価格の安さを重視したビジネスを目指していたからです。しかし残念なことに、家具は形が一様ではなく、輸送にコストがかかります。カンプラードは再び窮

（４）（Leon Nordin, 1930～）一九六〇年代から一九七〇年代にかけて活躍した著名なコピーライター。

地に陥りましたが、彼はどんなときでも解決策を見つけます。

「そうだ、家具を組み立て式にすればいいじゃないか」(原注27)

イケアは、家具をフラットパッケージにして、組み立て式で販売することにしました。一九五〇年代のことです。

エルムフルトの店舗は、スウェーデン全国から人々がやって来る人気スポットになりました。ここでは、カタログに掲載されているすべての商品を、実際に手に取って確かめることができました。それを自家用車の屋根に載せて、家に持ち帰ることもできたのです。

しかし、雲行きが怪しくなってきました。昔ながらの家具販売業者がイケアの低価格を警戒し、新参者を締め出そうとしたのです。カンプラードは、家具の見本市に参加させてもらえなくなりました。けれども彼は、またもや切り抜ける方法を見つけ出しました。独自のデザイン部門を立ち上げ、商品を納入してくれる業者を東ヨーロッパで探したのです。

イケアは独自の道を行くことを選びました。そして同じ志をもって、一九六五年には首都ストックホルムに店舗をオープンさせたのです。

イケアは一等地に店を構えるのではなく、ストックホルム郊外の高速道路のすぐそばに巨大な店舗を造りました。さらに、建物は巡回式にしました。この店舗は成功を収めましたが、実は初日から問題が持ち上がりました。あまりにも多くの客が来たために、スタッフが商品を倉庫に取りに行くのが間に合わなかったのです。

「いったい、どうしたらいい？」（原注28）

そこで、倉庫を開放して、客が自分で商品を取るようにしてみました。ここから、セルフサービスというアイデアが生まれたのです。再び困難に直面したイケアは、またしてもそれを味方につけたのでした。

まもなく、このアイデアは世界中のあちこちで導入されました。スイスの市場は、ヨーロッパのなかでもかなり厳しく保守的なところでした。

「ここでうまくやれたなら、どこでだってうまくいくさ！」（原注29）

スイスの店舗は一九七三年に開店し、これが一連の成功の幕開けとなりました。イケアは世界市場に確固たる地位を築いたのです。数年のうちに、新しい店舗がすさまじい勢いでオープンし、イケアは世界規模のホームファニシング・チェーンへと成長しました。

マッチを売っていた少年は、今では立派な大人になり、組み立て式家具の販売、倹約の精神、違うやり方でやってみること等々、それまでにはなかったものを見つけ出しました。

「新しい家具を買うことなどできなかった層の人々のなかに、彼は独自のマーケットをつくりあげました。ギリギリの生活をしている人々に、ずっと向き合ってきたのです。それまでは誰も、そうした人々に目を向けてこなかったのです」（原注30）

イケアの企業文化の成功について分析したミリアム・サルツァー［本書一〇ページ参照］の研究によれば、創業をめぐる物語を通じてスタッフは、「私たち」意識や集団としての自己イメージ（私たちは他の人たちとどう違うのか、なぜ違うのか）を確立していくのだという。不毛の地スモーランドでのイケア創業のストーリー、新しい仲間たちのために素手で帝国を築いた若者のストーリーは、繰り返し語られることによって意味を付与される。輝かしい過去のストーリーが、素晴らしい未来への信頼に結び付くのだ。(原注31)

社内でこのように利用されてきたイケアの歴史は、会社の外の世界でもよく知られており、とりわけメディアを通じて繰り返し語られてきた。このストーリーは多くの人に好まれているようだが、おそらく成功物語は一般的に人気が高いということも関係しているのだろう。

よいストーリーをつくる完璧なレシピなどは存在しないが、多くのストーリーに共通している基本材料がいくつかある。メッセージ、葛藤、明確な役割をもった主人公、そして陰謀だ。(原注32)イケアの物語は、献身と気遣いに満ちた社内の様子を描き出し、カンプラードは人々に奉仕するために逆風と格闘している、というメッセージを伝えるものとなっている。価格を下げようという努力は社会への献身の一部であり、「より快適な毎日を、より多くの方々に」という大志の表れである。

カンプラードはインタビューのなかで、自らに課した任務について繰り返し語っている。

「ちょっと思い上がっているように聞こえるかもしれませんが、私には社会的使命があると心から思っているのですよ。お金のある人たちは、いつでもしたいことができます。ですが、すべての人が心地よい家を持てるようでなければならないと思うのです（原注33）」

創業者が、自らドラマの主役を演じているわけだ。もちろん、彼が演じるのは、権力者に立ち向かう心優しい庶民の味方である。

この物語には、カンプラードの高潔な任務を邪魔する敵も登場する。敵対する相手との闘いによってもたらされる葛藤が、前進するための原動力となる。たちの悪い登場人物のほかにも、不幸な出来事が次々とやって来る。だが彼は、それらをうまくチャンスに変えていく。

この物語は直線的で、導入部、中間部、結末からなっている。いくつかの特別な出来事が、年代順に、論理的な関連をもって相互につながり、イケアの成功のコンセプトをわかりやすく説明している。過去は意味あるものになり、同時に未来が予測される。結末は他の成功物語と似たりよったりで、ヒーローが勝利し、目標を達成して人々に称賛される。

基本的にこれは、カンプラードのテスタメントを、ジャンルを変えてリメイクしたものにすぎない。テスタメントの九つのテーマに示されている価値観、構想、考え方が、人の心をつかむドラマ仕立てのストーリーにつくり替えられているのだ。

『未来は可能性に満ちている』は、会社設立の経緯と理由について語る他の物語とよく似ている。

こうした物語には、無一文だが懸命に努力する男性が（たいていは男性である）やがて帝国を築いたり偉業を達成したりするという神話がつきものだ。「よいもの」をつくり出すことへの強い関心や熱意がその動機となっていれば、物語はいっそう力をもつことになる。(原注34)

よく知られた例として、「ナイキ」のストーリーがある。陸上選手だったフィル・ナイト(5)が、車のトランクにシューズを積み込んで売り歩くところから会社を立ち上げたというストーリーだ。意志の力に突き動かされた彼の行く手を阻むものは、何一つなかった。まったくもって「Just do it!」だったのである。

この物語では、ナイキの成長と経営理念にとって「ワッフルソール」が大切なステップであったとされている。選手のために、もっと速く走れるシューズが欲しいというコーチの依頼を受けて、ナイトはガレージにこもり、ホットラバーを使って実験を開始した。ラバーをワッフル焼き器で焼き固めることで、かの有名なソールが誕生したのである。(原注35)この物語は、完全に勝者側の意識で語られている。消費者や選手が主人公で、打ち負かされるのは彼らの敵だ。

ナイキのブランドイメージは、第三世界における児童労働や、労働搾取工場問題が暴露されたことによって悪化した。ナイキはこの批判に対処するため、訓練スタッフとして「エキン（Ekin／NIKE の逆スペル）」と呼ばれるストーリーテラーを導入することにした。エキンたちの仕事は、中間管理職からレジ係まで、すべてのスタッフに会社のルーツを理解させることだった。(原注36)

有名な事例をもう一つ挙げたい。スティーブ・ウォズニアック［Stephen Wozniak, 1950～］とスティーブ・ジョブズ［Steve Jobs, 1955～2011］が高校時代に友情を育み、やがてジョブズの家のガレージでコンピュータを組み立てるようになったというストーリーだ。「ジョブズには先見の明があり、自分たちでコンピュータを売ってみようと言い張りました。そして一九七六年四月一日に、アップルコンピュータが生まれたのです」(原注37)

現在のアップル社は世界有数の大企業で、きわめて大きい影響力をもっているが、にもかかわらず反逆者的なイメージも多少残っている。友人同士の二人が、ガレージで事業をはじめた。彼らは、テクノロジーという共通の趣味をもっていた。そして、彼らにはお金がなかった。こう聞けば、この二人が今では権力者であるという印象は薄まる。このストーリーはかつてほど人目を引くものではなくなっているが、しかし今でもその力は健在だ。

アメリカのブランド「ベン＆ジェリーズ」(6)も、自らの歴史を強力にアピールしている。このアイスクリーム会社の物語は、二人の創業者ベン・コーヘン［Ben Cohen, 1951～］とジェリー・

（5）（Phil Knight, 1938～）スポーツ用品メーカー「ナイキ」の創業者、経営者。スタンフォード大学のビジネススクールで学んでいた一九六四年、大学時代の陸上コーチとともにナイキの前身となるブルーリボンスポーツ社を設立した。

（6）（Ben & Jerry's）一九七八年にバーモント州で設立されたアイスクリームのブランド。

グリーンフィールド［Jerry Greenfield, 1951～］がまだ学校に通っていたころに、おいしい食べ物への情熱が縁で知り合ったというものだ。

彼ら二人はアイスクリーム製造の通信講座を受け、巨大なチャンクを入れた、一見するとありえないようなフレーバーのアイスクリームを売りはじめた。コーエンとグリーンフィールドの登場の仕方は、まるでヒッピーのヒーローのようで、この会社には進歩主義的なイメージがある。「私たちの会社には使命があります！／ビジネスを貫く進歩的な価値観／愛と平和、そしてアイスクリーム！」(原注38)

急進的なイメージをさらに強固なものにしているのは、個性的な商品と風変わりな名称である。商品の原材料は無添加で、ベリー類はアメリカ先住民族から購入したものを使用している。チェリー風味のアイスクリームは、ヒッピー・バンド「グレイトフル・デッド」(7)の伝説的フロントマンだったギタリスト、ジェリー・ガルシアにちなんで「チェリー・ガルシア」と名付けられている。(原注39)

ベン&ジェリーズは、二〇〇〇年に世界最大の食糧メーカーの一つである多国籍企業ユニリーバ(8)に売却され、創業当初からのイメージは姿を消した。しかし、ブランドの物語は今でも変わっていない。ユニリーバは、単に会社を買収しただけでなく、ベン&ジェリーズのコンセプトとストーリーをも手に入れたというわけだ。

反逆者のイメージは魅力的で、商業的にも有利である。ジョセフ・ヒース［Joseph Heath, 1967〜］とアンドルー・ポター［Andrew Potter, 1970〜］の著書『反逆の神話——カウンターカルチャーはいかにして消費文化になったか』（二〇〇五年［邦訳二〇一四年］）は、このことをテーマの一つとして論じている。この本の表紙には、チェ・ゲバラ(9)の顔を描いたマグカップが掲載されているが(10)、これは実に打って付けのイメージである。反消費主義は別の形の消費主義でしかない、というのがこの本の主張だ。きれいに包装された反資本主義は、因習打破のオーラをまとってはいるものの、実際には出世志向の俗物なのである(原注40)。

イケアのストーリーにも反逆者的なところがある。イケアは広く定着した慣習を打ち破る、反抗的な存在として描かれている。ヒーローであるカンプラードは、意地悪な競争相手から妨害を受けながらも、時代遅れの家具産業に果敢に挑戦し、家具産業に革命を起こそうとしているのだ。

（7）（Jerry Garcia, 1942〜1995）「グレイトフル・デッド」は一九六〇年代のサイケデリック文化を代表するバンドで、その精神的支柱とされたガルシアの逝去によって活動を停止し解散した。
（8）（Unilever）オランダとイギリスに本拠を置き、世界一八〇か国以上に支店がある。
（9）（Ernesto Che Guevara, 1928〜1967）アルゼンチン生まれの革命家。キューバ革命を牽引したのち、各地で革命の指導を試みたが、ボリビアでのゲリラ活動の最中に政府軍によって銃殺された。
（10）邦訳書の表紙には、マグカップではなくゲバラTシャツが描かれている。

ここまで見てきたように、ビジネスに物語を活用することはとくに珍しいわけではない。しかし、イケアのように深く企業文化に浸透している事例、イケアのように強力に消費者の心に響いている事例は稀である。

イケアウェイ

『未来は可能性に満ちている』は、小さな反逆者であったイケアが、国際的な家具販売チェーンとなるまでの道のりを描いただけのものではない。多くの寓話と同じく、この本には教訓が込められている。イケアは、独自の道「イケアウェイ」をたどることで成功を収めた。この物語は、カンプラードのテスタメントとともに、スタッフの行動の仕方や問題への対処の仕方についての道徳的指針として機能してきたのである。(原注41)

『ある家具商人のテスタメント』と『未来は可能性に満ちている』には、情報源としての役割がある。物語の中心的なエピソードやパーツは、ここから取り出される。逸話、ストーリー、寓話のなかに、指針、規範、価値観が埋め込まれている。つまり、この二冊の本は管理ツールとして機能していると言ってよい。

イケア文化センターの対話型展示には、物語の断片を記したポストカードが多数置かれている（下図参照）。そのなかには、カンプラードと会社が過去に直面した課題や問題、それにどのように対処してきたか、といったことが書かれたものがある。

「**挑戦**：イングヴァル・カンプラードは、一箱一・五セントでマッチを仕入れることにしました。それを五セントで売りましたが、倹約家のスモーランドの客には値段が高すぎました。

解決：彼はストックホルムに行きました。そこでは、約半額でマッチを仕入れることができました。より良い仕入先を見つけて仲介すれば、彼の客が得をする、ということを彼は学びました」(原注42)

イケア物語は、一九八〇年代に一種のマネジメント言語へと形を変えた。この時期、イケアは自らの企業文化を構築し、従来よりもさらに戦略的なやり方でブランド・アイデンティ

27
Challenge
Having passed the checkouts, most visitors were tired, hungry and grumpy. Sometimes people were getting a bad last impression of the IKEA store. Maybe they had to wait in line at the check outs. Or maybe we had run out of a product they wanted to buy.
Solution
To create a positive, lasting impression and to send a dramatic low-price message, we took the bold decision to sell hot dogs for just SEK 5 in the exit area. This was an incredible price compared to the normal price on the market of SEK 15 to 20. Today we apply the same principle all over the world. It is not always a hot dog. In Italy it is pizza, for example. Then we applied the same thinking to our product range. What would happen if we could offer a well-known product on the market for a price that would amaze people? The idea of the "hot dog" product was born.
© Inter IKEA Systems B.V. 2010
Inter IKEA Systems B.V.

エルムフルトのインターイケア文化センターに置かれたポストカード（インターイケアシステムズ・BV 社の許諾を得て掲載。© Inter IKEA Systems B.V.）

ティを明確化していった。企業文化の価値と、それを守ることの重要性が、より一層認識されるようになったのである。

一方、企業文化は物語を通じてだけでなく、儀礼、式典、慣習、振る舞い方、服装などを通しても理解される。現在、イケアの法人部門のスタッフは、ネクタイやジャケットを身につける必要はないとされている。きわめてカジュアルな普段着がイケアでの正装である[原注43]。

一九八〇年代にはテスタメントがより精緻化され、コンセプトとしてマニュアル化された。それをもとに、企業文化やブランドについての文書、業務内容を直接指示する文書も多くつくられた[原注44]。数多くのマニュアルに即して、「イケアコンセプトの理解」「イケアのスタッフ計画」「イケアのスウェーデン食品売り場」「イケアの販売手法と商品管理」といったコースからなる幅広い研修プログラムもつくられている[原注45]。

当然ながら、イケアの企業文化は完全に統一されたものではないし、地域ごとの違いもある[原注46]。これらのマニュアルと研修プログラムは、全体的な価値体系を実践し強化することを狙ったものだ。ただし、それらがつくられたことには法的な理由もあった。イケアは、コンセプトと業務内容を定めた文書を利用することで、イケアブランドを保護しようとしたのである。

多くのマニュアルがつくられることになった理由の一つは、アメリカのストール・ファニシング・インターナショナル社[11]との係争である。きわめて類似したコンセプトを用いていたこの会社を、イケアは一九八七年に提訴した。

イケアによれば、競争相手であるストール社は、イケアのコンセプトをほとんどそのままコピーしていたという。ストアもカタログも、細部に至るまで盗用されていた。(原注47) しかし、このアメリカ企業は、イケアの企業文化をコピーすることまではできなかった。

企業文化は、イケアの成功の重要な鍵であるとされている。イケアはこの企業文化を、テスタメントに記された構想を具現化するためのツールであるとしているが、これはイケアのアイデンティティを客に伝えるための方法でもある。(原注48)

（11）（STØR Furnishings International Inc.）一九八七年にロサンゼルスを拠点として開業した家具販売チェーン。組み立て式家具を販売した。

2012年11月にエルムフルトにオープンした新店舗の開店セレモニー。一般的にはテープカットの儀式をするところだが、イケアでは1970年代から、丸太をノコギリでカットする儀式をおこなっている。（インターイケアシステムズ・BV社の許諾を得て掲載。© Inter IKEA Systems B.V.）

イケアが自らの独自性を表明する方法はたくさんあるが、新しいストアの開店の祝い方もその一つである。テープカットというありきたりな儀式に代えて、イケアは一九七〇年代以降ずっと、丸太をノコギリで切っている。イケアは伝統を打破し、違うやり方で物事に取り組みます、というメッセージを伝えることを意図したものだ（前ページの写真参照）（原注49）。丸太を使っているのは、イケアの取扱商品の大部分が木でつくられたアイテムだからである。

イケアの企業文化においては言語も重要だ。理解しやすくなければならないし、官僚主義的であってはならない。イケアでの労働は、熱意、刷新することや責任をもつことに対する飽くなき意欲、（原注50）コスト意識、自分の任務に関する謙虚さ、そして控えめな態度にもとづくものでなければならない。

イケアでは、毎年「反官僚主義週間」が設けられている。その期間は、通常は接客をしないスタッフがフロアでの仕事をすることになっている（原注51）。つまり、経営幹部であっても、倉庫やレジでの仕事がどんなものであるかを理解するべきだという考え方だ。また、スタッフ同士は、社内での地位に関係なくファーストネームで呼び合うことになっている。

「華やかな肩書をもつことよりも、よい仕事をすることのほうが、イケアでは敬意の対象となります」（原注52）

イケアには、ヒエラルキーを示す昔ながらのステータスシンボルは存在しない。また、きわめてフラットな組織をもっているという自負がある。スタッフは互いに打ち解けており、肩書が重視されることもない。だが、マネジメントの構造がないわけではない。管理職と「フロアで働く人々」の間にある階層的な境界は、さりげない形で存在している。（原注53）

マニュアルに描かれているようなイケア精神は、単なる空虚なレトリックではなく、実際的な問題解決の手法でもある。このことは、「クラフト80」（12）と題された社内プロジェクトを見れば明らかだ。「反官僚主義週間」のアイデアも、このプロジェクトから生まれたものである。（原注54）「クラフト80」は、イケアが急成長したことの結果として浮かび上がったいくつかの問題を背景としていた。カンプラードは、スタッフへのメッセージとして次のような見解を述べたことがある。

「一九八〇年代を迎えるまでの一年間、社内の業務をやり遂げるには、数千キロの頭脳が必要です。私たちは、同僚の一人ひとりから、もっと親しく意見を聞くようにしなくてはなりません。すべてのアイデアを探求し、慎重に評価していかねばなりません。グループ内に官僚主義が広がることに抵抗し、闘わねばなりません。どんな領域であれ、素晴らしいアイデアに対しては、精いっぱいの報酬を出すつもりです。（中略）『クラフト80』の最終的な目標は、二〇〇〇年に向け

（12）スウェーデン語の「クラフト（kraft）」は「力、動力」を意味する。

て、さらに充実した新しいイケアをつくることです」(原注55)

「クラフト80」は、端的に言えば、一種の臨界検査を広範囲に実施し、成長期の苦しみのなかで混乱気味だった業務を刷新しようとする試みであった。当時は、商品に留めネジが欠けていたり、脚が折れていたり、デザインが構造的に不安定だったりといった問題が生じていた。また、スタッフのためのルールやガイドラインも不足していた。イケアはエルムフルトにエネルギーセンター（クラフトセンター）を造り、「イケアマッチ（*IKEA Match*）」と題したニュースレターを発行して、過去の回想、査定、レポート、ルポルタージュ、スタッフへのインタビューなどを掲載した。(原注56)「イケアマッチ」はかなりの頻度で発行されていたが、このことは、「クラフト80」が団結とパートナーシップを核とする共同プロジェクトであったことを物語っている。

ニュースレターでは、会社が直面している実務的な問題が多く取り上げられた。スタッフには情報が不足しており、明確なルールもなかった。倉庫に商品がなくなったときにはどうすればよいのか、商品をどのように展示したらよいのか、腹を立てている客にどう接したらよいのか、(原注57)などである。

「クラフト80」は、テスタメントにおいて表明されたカンプラードの構想を具現化したものであったとも言える。このプロジェクトから、具体的なアイデアと販売戦略が生まれ、その後それらがさらに発展し、やがて明文化されるようになった。このプロジェクトが終わったのちも、類似

の社内キャンペーンが何度かおこなわれている。(原注58)

マニュアルでは、業務上の事項とともにイケアのブランドと企業文化も定義された。イケアにおいては、「イケアバリュー」と「ブランドバリュー」は区別されている。「イケアバリュー」は社内に浸透させるべき規範に関するもの、一方「ブランドバリュー」は、世界におけるイケアブランドの認知のされ方に関するものだ。(原注59)ただし、両者には明らかなつながりもある。イケアが自ら表現している言葉を使うならば、次のようになる。

「イケアコンセプトを十全に実践するためには、イケア文化を理解すること、それに馴染むことが不可欠です」(原注60)

一九九〇年代末以降、イケア文化の根幹は次の一〇項目で示されてきた。

❶自らが手本になること
❷簡潔
❸現実を直視する
❹いつでも「目標へと続く道の途上」
❺コスト意識をもつ
❻常に刷新を求める
❼謙虚さと意志力

❽違うやり方でやってみる
❾連帯感と熱意
❿責任を担い、委任する(原注61)

この一〇項目は、『ある家具商人のテスタメント』および『イケア小辞典』に示されている価値観を再編したものだが、それをより詳しく説明しているのが『イケアコンセプトの説明』(二〇〇〇年)である。この本は「全マニュアルの母」というニックネームをもっているが、その呼び名にふさわしく、コンセプトの主要な特徴とそれらの関連について幅広く述べたものだ。(原注62)

すでに見てきたように、イケアでは事業戦略や企業文化が重視されているが、同様にきわめて重要なものとされているのがイケアストアとカタログである。(原注63)カタログは、イケアがもっている最強の切り札の一つだ。二七の言語で二億冊近く発行されているイケアカタログは、印刷物の流通規模としては世界最大である。

カタログには、家の中の様子、家具や生活用品を使う人々の写真が掲載され、価格もはっきりと示されている。(原注64)一九六〇年代半ばまでのカタログは商品が中心だったが、イケアストアでインテリアや日常の場面が演出されるようになってからは、カタログも同じようになった。(原注65)

カタログに用いられる写真にもイケアの性格が反映されており、質素だが強い存在感がある。

どれも垢抜けていて親しみやすく、受け入れやすい雰囲気が漂っている。あなたのことはよくわかっていますよ、これはあなたにぴったりですよ、という感じだ。

当初は、カンプラードが自らカタログの文章を書いていた。親しみやすい言い回しは彼によるものだったが、その後二〇一〇年代までに、コピーライターが一〇名ほど雇われている。イケアは現在でも、気取らないことが大事だと言い続けているが、一方では次のようにも述べている。

「このスタイルを学ぶのにも、それらしさを打ち破るのにも、数年はかかります（原注66）」

カタログの目的は、ブランド・アイデンティティを表現し、確かなものにしていくこと、そしてイケアストアに客を引き寄せることである。一方、ストアの役割は、セールスマシンのような効率性と、客を刺激してインテリアデザインの提案をすることにあるが、家族の楽しい外出先となることも期待されている。

全体としての目標は、訪問者を客に変えること、そしてできるだけ多くの買い物をさせることである。ソファを買うためにストアに行ったはずなのに、入り口をくぐった途端、買うつもりのなかったさまざまな商品についつい目を留めてしまう。これがイケアの目的だ。

「ストアに入る前には意識されていなかったニーズを喚起して、訪問者の購買意欲を刺激するのです（原注67）」

テスタメントは、一九九〇年代初めにつくられた『私たちのやり方――イケアコンセプトの奥にあるブランドバリュー』でも健在だ。この本は、イケアのアイデンティティの特徴を描き出したものである（原注68）。

イケアブランドとは何であるかを定義することは、それが何でないかを指摘することに等しい。言葉やイメージのコントラストを使用することで、イケアは自らのブランドの価値を際立たせる。ライバル社は違いを強調するための鏡、あるいは参照点の役割を果たすことになる。

他者との違いは、写真を用いて説明されている。たとえば、二つの腕時計を並べた写真は、「豪華さではなく、機能性」を示している（写真参照）。一つはきわめてシンプルで、ベルトはブラック、文字盤はホワイトだ。もう一つは、ダイヤモンドと金で豪華に装飾されている。

「高級品ではなく、洗練されたものを低価格で」と

「豪華さではなく、機能性」（*Our Way. The Brand Values Behind the IKEA Concept* より。インターイケアシステムズ・BV社の許諾を得て掲載。© Inter IKEA Systems B.V.）カラー口絵参照。

記された図も同じく教育的で、イケアの短い無地の鉛筆が「モンブラン」のペンと並べられている。ストアで売られている安価なホットドックとキャビアの瓶を並べた「少数の人のためでなく、多数の人のために」も、かなり効果的だ。そのほかには、「手の込んだものでなく、明快なもの」「フェイクではなく、誠実に」「退屈なものでなく、愉快なもの」「ほどほどのものでなく、夢中になれるもの」「ありがちなものでなく、意外なもの」「冷たくよそよそしいものでなく、温かく思いやりのあるもの」「高価なものでなく、安価なもの」「従順ではなく、反抗的であること」「ほかのどこかではなく、スウェーデン的であること」などがある。（原注69）

イケアバリューは二〇一一年に更新され、一〇あった項目は、「誠実さ／値ごろ感／ソリューション／インスピレーション／サプライズ」の五項目へと減少した。（原注70）この五項目も社内スタッフの研修戦略の要とされており、文化の違いによって解釈が変わったりすることがないように、わかりやすさが重視されている。（原注71）

すでに述べたように、マニュアルではイケアのブランドと企業文化が分類されているが、そのほかかディスプレイ創作や倉庫、レストランなどについてもより具体的な指示が書かれており、イケアが進出している多様な地域に適したものとなるよう工夫されている。

マニュアルの中心的なテーマとなっているのは、「機械的販売方式」と呼ばれるセルフサービスの哲学だ。客は自分で品物を探し出し、それを車に載せてストアから持ち帰る（次ページの写真参照)。これはすべてのアイテムに対応できる方法で、カタログと明確な価格表示、その他の情報提示があれば熟練した販売スタッフは不要となる。ただし、この販売戦略を成功させるには、手法が洗練されていなくてはならない。

イケアは時折、「コマーシャル・レビュー」と呼ばれる方法を用いて、各ストアが指示をちゃんと守っているかをチェックしている。この検査によってルールが守られているかどうかを監視し、ポイントを付けているのだ。(原注72)

商品展示の技術に関するマニュアルを見れば、業務内容に関する指示や説明がきわめて詳細なものであることがわかる。カンプラードがかつて「人を惹き付ける

デンマークのバレルップにて。おそらく1969年の写真。(インターイケアシステムズ・BV社の許諾を得て掲載。© Inter IKEA Systems B.V.)

活動」と呼んでいたものは、長い年月をかけて発展し、ストア内で客をどのように誘導すべきか、どんなインテリアを展示しなければならないか、商品をどのように陳列すればよいかといったことを示す詳細なマニュアルに結実した。(原注73)

言うまでもないことだが、こうしたルールの目的は売り上げを伸ばすことにある。イケアは、売り上げへの野心を隠そうとはしていない。

「イケアの客はほぼ一〇〇パーセント、もともと計画していた以上の買い物をします。商品の見せ方が効果的だからです」(原注74)

ストアへの訪問者が入り口で最初に対面するのは、黄色と青のショッピングバッグである。もちろん、これは偶然などではない。こうした配置が導入されたのは、一九八〇年代の末のことである。

「一番の課題は、できるかぎり早くイエローバッグと引き合わせることです。すべての客、すべての家族が確実にイエローバッグを手にするようにすること。とにかく、最初に持たせてしまうのです」(原注75)

客は、バッグを手に取ると同時に買い物をはじめることになる。入り口からレジにたどり着くまで、イケアが客の手を離すことはない。このことについても、マニュアルにはっきりと書かれている。

真っすぐな通路はほとんどなく、あっても短い。客は通路の角を曲がるたびに、さまざまな価格帯の新商品を見せつけられる。商品はルームセットの中、棚の上、ボックスの中に戦略的に配置され、あるいは山のように積み重ねられている。

インテリアの実例「ルームセット」を展示するのは、さまざまなスタイル、さまざまなテイストを見てもらうためだ。客に部屋を丸ごと買ってもらうことを狙っているのではなく、魅力的な背景のなかに商品を置くことで、消費を刺激することを意図している。とくに、ルームセットは効果的な販売ツールである。部屋に置かれたテーブルを買うことはできなくても、テーブルの上に置かれた手ごろな価格の花瓶なら買える。ルームセットを通り過ぎると、今度はその花瓶が棚やトレイの上に置かれていたりする。もちろん、これも戦略だ。

一つの部門を見終わって次の部門へと進む途中には、「最終セール」のコーナーがある。そこは、「次の売り場に進む前に、一つでも二つでも商品を買ってもらう最後のチャンス」（原注76）となる所である。ストア内の所々に、もっとも価格の低い商品が配置されている。価格があまりにも安ければ、客はつい手に取ってしまう。それを狙っているのである。

このような商品カテゴリーは、「客寄せ商品」あるいは「サプライズ・アイテム」と呼ばれており、たいていは「ブラ・ブラ手法」(13)を用いて展示されている。

「ブラ・ブラ手法というディスプレイ技術は、同じ商品を山のように積み上げることでその商品の優勢性をつくり出す手法です。低価格を明確に打ち出すことで購買意欲を刺激するのです（原注77）」

このような特売品の数々が、レジに着くまで客を魅了し続ける。「衝動買い商品を販売する決定的な好機（原注78）」というわけだ。

イケアが売り上げを最大化するために採用しているさまざまな戦略は、他の企業にも見られるもので、とくに珍しいものではない。だが、各マニュアルを見ると、それぞれに込められたメッセージの矛盾がどうしても目に付いてしまう。

企業文化やブランドを定義しているマニュアルでは、一般の人々の日常生活をより快適なものにするというビジョンがイケアの原動力であること、このビジョンは社会的関心から導かれたものであることが強調されている。

「イケアは、利益を上げること、成長を続けることだけを目指しているのではありません。私たちの任務は、多くの人々の生活を少しでも快適なものにしていくことなのです（原注79）」

別のマニュアルでは、人々にできるだけ多くの商品を買わせることが目指されている。

「訪問者の買い物を手伝いましょう。より多く買ってもらうために（原注80）」

（13）　ブラ・ブラ（bulla- bulla）とはイケアによる造語で、山積みするという意味。スウェーデン語の「bulla upp」（テーブルにあふれんばかりの食べ物を並べること）に由来する。本書八三ページのエピソードを参照。

庶民の味方

イケア神話の中心にあるのは、イングヴァル・カンプラード自身の姿である（次ページの写真参照）。彼の言動や行動に関するストーリーが、その要となっている。彼は、スタッフにとっての案内書であり、よい権力者の例であると見なされている。彼のテスタメントがマニフェストを表すものだとすれば、そのモデルは彼自身だ。さらに、このストーリーは社外にも広まっており、イケアの広告にカンプラードが登場することもある。

彼の個性的な性格は、それが真実であれフィクションであれ、ブランドを表現するものであることはまちがいない。まったく現実味のないストーリーもあるが、それはたいした問題ではないだろう。神話は現実そのものよりも力をもつことがある。こうしたストーリーは、イケアがどのような考えをもっているか、どのような信念をもっているかの証であり、それらをさらに強化するものでもある。

カンプラードへの多数のインタビューも、彼に関して書かれたものも、内容はどれもほとんど同じだ。彼はたいてい同じ返答をする。まるで「イケアのマントラ」とでも言えるような、スタンダードな回答があるかのようだ。カンプラードのストーリーは、コーラスの歌声のように組織の内外で共鳴している。地道で謙虚、チャーミングで気取らない企業家のイメージが、何度も繰り返し叩き込まれる。

たいていの場合、彼は信じ難いほどの倹約家、陽気で親しみやすい庶民的な人物として描かれている。何もない状態から帝国を築き上げた人物でありながら、地にしっかりと足をつけ、スタッフと親しい付き合いを続けている。決してビジネスクラスには搭乗しないし、豪華なホテルに宿泊することもない。社用車よりも公共交通手段を好んで使い、ホテルの部屋のミニバーにある炭酸水を飲んだら、翌日は近所のコンビニで水を買うというような日常を送っている。買い物では特売品を探し、昼食はレストランよりもイケアストアのホットドックのほうを好む。彼は、そのような人物だと言われている（原注81）。

カンプラードの伝説的な倹約ぶりと徹底した親しみやすさは、実態でもあり、象徴でもある。イケアの創業者

イングヴァル・カンプラードとコワーカーたち。1999年。（インターイケアシステムズ・BV社の許諾を得て掲載。© Inter IKEA Systems B.V.）カラー口絵参照。

は本当に、一般的なスウェーデン人とほぼ同じようなスタイルで暮らし、お釣りを数えたりしているのかもしれない。

　だが、倹約家であるかどうか、彼の倹約が実際どの程度のものなのかはさほど問題ではない。イケアにとって重要なのは、そう感じさせるようなイメージである。創業者の性格は、イケアの企業文化、イケアブランドを表現するものであり、それを伝えるメッセージなのである。(原注82)

　カンプラードは、いたって普通の人物というイメージを保ってきた。また、読み書き能力に難があり、知性に欠ける人物、シャイで酒好きな人物という像も描かれてきた。しかし、現実の彼は、世界でもっとも成功している企業の一つを築き上げた人物である。

　スウェーデンでは、彼は国民的英雄のような存在である。彼とイケアが痛烈な批判にさらされた時期もあったが、それでも彼とイケアに対する信頼は厚い。たとえば、もっとも信頼できる機関をスウェーデン人に尋ねた二〇〇八年の調査において、イケアは首位を獲得している。(原注83)イケアに対する信頼度は、スウェーデン議会やスウェーデン国教会などよりも高いのだ。

　カンプラードを描写する際には、さまざまな特性が次から次へと強調される。

「彼は外見にかまわない。高価な服装や贅沢な暮らし、垢抜けた腕時計や高級車をまったく持たない（ボルボの古いステーションワゴンに乗っている）。（中略）ある年の誕生日に、彼はワインを一本買うのをためらった。招待客たちは何かを携えてやって来るだろう、と考えたからだ。（中略）ある日予定を確認したところ、ミーティングを中止しなければならなくなった。ＩＫ（イングヴァル・カンプラード）が、有効期限が切れる前にＳＡＳ（スカンジナビア航空）のボーナスポイントを使い切らねばならなかったからだ（原注84）」

カンプラードは、自分の質素な習慣を人に話すのが好きだ。

「お金に関する楽しみといえば、とにかく節約するということかな。たまには私にセール品じゃないものを買ってちょうだい、と妻に言われたことがあるよ（原注85）」

「今でも市場に出かけるよ。店の人が商品を詰め終わるまで待ってから、もう少し安くしてくれないかって頼むんだ。妻はかなりあきれているね（原注86）」

さらには、「私は失読症で音痴で、大型スーパーに行くのが大好きさ（原注87）」というのもある。

イケアの販売技術やアイデアは、カンプラードの節約術に由来するものが多い。その特筆すべき例は、ストアで用いられている短い無地の鉛筆はどのようにして生まれたのか、なぜそのような形をしているのかについてのストーリーだ。

カンプラードは、ストア内で使える鉛筆があるといいのではないかと考えた。バイヤーの一人にそれを依頼し、「だが、もちろん安物の鉛筆でいいんだ」と付け加えた。バイヤーが候補の鉛筆を見せに来ると、カンプラードは尋ねた。

「どんな鉛筆だい？」

「これですよ」とバイヤーは答え、一本の鉛筆をデスクに置いた。

「いや、どうしてこんなふうなんだ?」カンプラードは尋ねた。

「どういう意味です? スウェーデンの標準的な鉛筆じゃないですか」

カンプラードは異議を唱えた。

「ああ、だがどうしてこんなに長くなきゃいかんのだ? どうして黄色やグリーンじゃなきゃいかんのだ?」

「鉛筆とはそういうものです。これがスウェーデンのスタンダードですよ」と、バイヤーは説明した。

カンプラードはその鉛筆を手に取り、二つに折ってしまった。

「ほら、これで二本になった。価格は同じだぞ。書くのには十分だろう。それと、黄色に塗るのもやめにしろ。必要ないからな。これこそイケア・スタンダードだ(原注88)」

物事を違う方法でやってみるというカンプラードの能力は『未来は可能性に満ちている』によく表れているが、彼に関する一連のストーリーはそれを裏付けている。そこから読み取れるのは、独創性と革新性にほかならない。

カンプラードがスーパーマーケットの冷凍食品からひらめきを得た、というストーリーもある。

彼は目を輝かせて冷凍ダックを持ち上げ、スタッフにこう尋ねた。
「なんと書いてあるかね？」
スタッフが驚いて「ダックですね」と答えると、「ダックだということはわかっている。で、なんと書いてあるのか。ルーマニア産、とあるだろう……羽根はどうしているんだろうな」(原注89)
ビジネスチャンスはどこにでも転がっているということだ。
みんなのヒーローであるカンプラードは、質素で慎ましい生活をしているだけではない。人間的な弱さや欠陥もある。多くの国際ビジネスマンとは異なり、カンプラードの外見は野暮ったくて地味だ。気取りのない服を着て、スウェーデン製の嗅ぎタバコを吸い、人懐っこい笑顔を浮かべ、生まれ故郷スモーランドのひどく訛った方言で、あるいはあやしい英語で、自分がいかに庶民的で単純な人間であるかを語る。
「私は典型的なスウェーデン人だよ。シュナップス(14)のグラスを手にしているだけでハッピーなんだ」(原注90)
カンプラードは、自らのアルコール問題や失読症、学歴の低さなど、人間臭い部分をあけっぴろげに語る。

(14)　ジャガイモや穀類を原料とする蒸留酒。スカンジナヴィアで古くから造られている。

「何てこった。私にも教養があればよかったのに。うちのかみさんみたいに。彼女は小説を読むんだよ。私なんて、カタログのページをめくるのが精いっぱいだ。最後まで読めた本なんて、片手の指で数えられるくらいしかないよ」(原注91)

親しみやすさと学歴が低いこととは無関係だ。しかし、カンプラードが折に触れて強調する自らの無教養さは、気取りのない人物という彼のイメージとぴったり合っているし、学歴を重視しないという基本姿勢と一致している。

「ここで働いているのなら、豪華な学位は必要ないんじゃないか」(原注92)

大卒の学歴やご立派な肩書は、嫌味な俗物だと見なされている。

「型にはまらないことを善しとするイケアのイメージにとって、豪華な肩書はほとんど何の役にも立たない。もちろん、わが社の主要メンバーには名を上げてもらいたい。だが、それはその人の名刺に何と書いてあるかではなく、その人が何をするかによって決まるものだ」(原注93)

これを読むと、カンプラードは自分のことを他人より優れているとは思っていないことがわかるし、イケア組織の一端も垣間見えてくる。

「責任を引き受けるということは、学歴とも懐具合とも役職とも無関係だ。責任を引き受けられる者は、倉庫係のなかにもいる」(原注94)

カンプラードは自分のことを、単なるビジネスマンではなく、社会を築くことに関心を寄せる慈善家であると述べている。

「私を突き動かすのは、ある意味で社会の民主化の巨大なプロジェクトに参加しているという思いです」[原注95]

また彼は、社会的なパトスによく言及する。

「(一九五〇年代に)私は自問していたんです。貧しい人々はなぜ、見た目のよくない製品で我慢をしなくてはいけないのか。美しいものを買えるのは、多額の金を払える社会のエリートだけ。それはおかしいよ」[原注96]

カンプラードはまた、自分は慈善的な資本家の一人だと言う。

「私はアメリカ的な弱肉強食の厳しい資本主義のジャングルを今まで一度も好きになれたことがなく、どちらかと言えば、社会主義的な考え方を好んでいることを認めざるを得ません。(中略)若いころは、エルンスト・ヴィグフォシュ[15]の才気に魅了されたものです。国の富をいかに公平に分配するかということについての彼の考えは、魅力的でした」[原注97]

すでに述べたように、カンプラードが読み書きの障害を抱えていることはたびたび強調される

---

(15)　(Ernst Wigforss, 1881~1977)・スウェーデン社会民主党の政治家、元財務大臣。三〇二ページの原注(97)を参照。

が、時には矛盾する記述もある。彼は社会的活動に熱心だった作家の作品を読んできたらしい。

「たとえば、カーリン・ラーションとカール・ラーション[16]、それからエレン・ケイ[17]については、かなり読んだよ[原注98]」

一方、カンプラードを大衆の味方として描くストーリーもある。

「スウェーデン[18]は寒々としたヨーロッパの小国だが、一九六〇年代から一九七〇年代にかけて（ウーロフ・パルメ元首相の時代）は、世界の不正や不公平に対して、ためらうことなくみんなで声を上げていた。ある意味では、イケアはこうした精神、活動家の精神の申し子だ。負け犬の役割を引き受けたイングヴァル・カンプラードは、（中略）公的な発言においてもカタログにおいても、躊躇なく庶民の側に立ち、金持ちの権力層に対峙する[原注99]」

カンプラードはイケアの英雄だ。そして、創業者のイメージがブランドにとってきわめて重要であることを示すよい例である。しかし、ブランド構築にあたって地味な経歴が表面に出されないケースもある。

ファッションデザイナーのラルフ・ローレン［Ralph Lauren, 1939〜］は、カンプラードとはまったく逆で、地味な出自をおおっぴらには語らない。彼は本名をラルフ・リフシッツ（Ralph Lifshitz）といい、一九三九年にニューヨーク市ブロンクス区の貧困地域に生まれたのだが、たいていは華やかな高級さをまとって描かれている。

ポロの商標を掲げる「ラルフ・ローレン」ブランドの歴史は、具体的な絵画的イメージをベースに構築されてきた。ヨットやポロに興じながら贅沢な寛ぎの時間を楽しむ、魅力的な若者たちのイメージだ。

最近では絵画的イメージを用いることが一般的になり、スタイルの独自性を打ち出すための商標はほぼ不要になった。エスティ・ローダー［Estée Lauder, 1906~2004］もその一例だ。彼女は本名をジョーゼフィーン・エスター・メンツァー（Josephine Esther Mentzer）といい、ニューヨークのなかでもきわめて質素な環境で育ったが、彼女が一九三〇年代に確立したブランドでは、ヨーロッパ風のラグジュアリー感と華やかさが演出されている。[原注100]

振り返ってみると、カンプラードのイメージは、イケアの企業文化とイケアブランドの成長に合わせてつくられてきたように思われる。一九六〇年代の写真には、ビジネススーツを着てポル

---

(16) (Carl Larsson, 1853~1919) スウェーデンの画家。パリで活躍したのちに帰国し、農村の素朴な美や伝統的な美徳を称賛しつつ、家父長的でない近代的な生活を国民に啓発した。妻のカーリン（Karin Larsson, 1859~1928）も画家として活躍した。

(17) (Ellen Key, 1849~1926) スウェーデンの社会批評家。女性解放運動や民衆教育運動で活躍した。児童中心主義の教育思想家としても知られる。

(18) (Olof Palme, 1927~1986) スウェーデン社会民主党の政治家。一九六九年から一九七六年、および一九八二年から一九八六年に暗殺されるまで首相を務めた。大胆な改革を推進し、国際平和に関しても積極的に発言した。

シェを所有するカンプラードが写っているが（原注101）（写真参照）、きっちりとしたビジネスマンのイメージは一九七〇年代に一変し、袖をまくったシャツとジーンズを身につけ、スウェーデン製の嗅ぎタバコを歯茎に挟み、床に寝そべっているイメージが登場する。時代が変われば流行も変わるのは当然だが、イケアの事業規模と企業文化が成長するにつれて、カンプラードのイメージも変わっていったということは興味深い。

　彼が実際にそのような人物であるということは、数多くのエピソードに表れている。おそらく彼は、自分なりの処世訓に従って生きているのだろう。彼は本当にバーゲン品を探すし、旅行の際には格安航空会社を使い、高級ホテルには決して泊まらない。カンプラードが謙虚で親しみやすい庶民の味方である、というのはおそらく本当だろう。

　しかし、安いホテルに泊まることやファーストクラ

イングヴァル・カンプラード。エルムフルトの第1号店の外で1960年に撮影されたもの。（インターイケアシステムズ・BV社の許諾を得て掲載。© Inter IKEA Systems B.V.）

スを使わないことが彼の仕事の一部であるということは、意外と認識されていないように思われる。彼は会社の利益のために、会社が必要とするイメージを維持している。カンプラードはイケアブランドの代表者だが、ある意味ではブランドマスコットのようでもある。いわば、イケアにおけるドナルド・マクドナルドなのだ。

世間に浸透しているカンプラードのイメージをこのように見てみると、企業の顔とブランドとの関係についての興味深い問いが浮かび上がる。カンプラード自身は、自分のアイデアにどの程度まで影響を受けてきたのだろうか。イケアブランドは、どの程度までカンプラードの人格を形成してきたのだろうか、カンプラードは、どの程度までイケアの性格を形成してきたのだろうか。

カンプラードのイメージは、並外れた成功を示すものだと言っていいだろう。素朴な庶民の味方というイメージは、自らのイメージをコンセプトの一部に組み入れるというビジネスアイデアなのではないだろうか。

語りの手法

イケア社内の企業文化に関するミリアム・サルツァー［一〇ページ参照］の研究では、物語のかなりの部分が口頭で言い伝えられてきたものであることが明らかにされている。かつて、逸話や寓話、ストーリー[原注102]はスタッフのなかで語り継がれるものであって、方針やマニュアルに書き込まれることはなかった。

しかし、年を追うごとに、多くのストーリーが社内刊行物に記載されるようになった。二〇一三年までの間に、一〇〇〇本を超えるストーリーが社内で刊行されている。スタッフから聞き取られたストーリーは、「イケアバリュー／イケアコンセプト／（ストアのある）地域／新しい市場と他の文化／イケアのコワーカー[原注103]」といったカテゴリーに分類されてきた。

初期のストーリーテリングは自然発生的で体系化されたものではなかったが、徐々に形式化され、社内で活用されるようになっていった。収集された物語を選りすぐって、本やパンフレット、DVDまでもがつくられた。そこに収められたストーリーは、イケアの人々が問題をどのように解決したか、どんなふうに新しいアイデアが生まれたかといったことをめぐる思い出話や経験談である[原注104]。

そうした物語は、『ある家具商人のテスタメント』と直接的につながっているわけではないが、言わば「実践の理論」のようなものであることはまちがいない。端的に言えば、テスタメントに染みわたった価値観や教義、精神を示すものなのだ。

『イケアの人々のストーリー　一〇年の歩み』（二〇〇八年）という本は、中国のスタッフが語った物語を集めたものである。人々の日常生活をより快適なものにするという全体的なモットーは、何度も表現を変えて登場している。イケアがいかに素晴らしいか、イケアが自分の生活をいかに変化させたかといったことが語られているストーリーもある。

「イケアという大家族の一員になれて幸せです！（中略）私は確信しています。ずっとこの幸運を味わえるだろうと。イケアの経営理念と価値観に賛同していますから！（原注105）」

ＤＶＤ『イケアストーリー』（写真参照）には、簡潔さ、謙虚さ、公平さといった規範を示す物語が収録されている。

「イケアの採用面接を受けたとき、ネクタイをしていきました。ネクタイをしていたにもかかわらず、採用されたんです。ネクタイをしていたからじゃないってことはまちがいありません（原注106）」

DVD『イケアストーリー』。ここに収められたストーリーは主に、イケアの人々が問題をどのように解決したか、どんなふうに新しいアイデアが生まれたかといったことをめぐる思い出や経験であり、『ある家具商人のテスタメント』に染み渡った価値観や教義、精神を示すものとなっている。（インターイケアシステムズ・BV社の許諾を得て掲載。© Inter IKEA Systems B.V.）

彼の話はさらに続く。新入社員となった彼のところに、面接を担当していた男性がたびたびやって来て、「やあ、今日の調子はどうだい」とか「一緒にランチどう?」などと声をかけてくる。彼はやがて、このフレンドリーで謙虚な同僚が、実は社内ではかなり上の管理職だということを知った。

「言ってみれば大リーグ選手のような存在ですよ。僕はもう本当に驚きました。だって、僕がなじんできた企業文化からすると、この人が僕のファーストネームを知っているなんてことはありえないんです」(原注107)

チームスピリットや団結を強調する物語もある。あるスタッフは、問題が生じて上司にそれを報告したときの様子をよく覚えている。

「冗談を言っているわけじゃないんです。七人の管理職がすぐに手を挙げたんですよ。『僕が行くよ、ローリー!』とかれらは言いました。『君には助けがいるだろう。すぐに行くよ。大丈夫!』(中略)イケアという組織には、いつでも助けてくれる人がいるってことが、かなり早い段階でわかりました」(原注108)

この話は、スタッフは管理職も含めて互いに助け合わねばならないというメッセージを伝えている。

また、別のストーリーでは、失敗から学ぶことができるということ、そしてスタッフは失敗を恐れるべきではないということが説明されている。ある男性は、入社したばかりのころに、ストアの照明部門の電気をまちがえて切ってしまったときのことを覚えていた。（原注109）同僚たちは彼の失敗を責めるのではなく、熱のこもった声で「これで君も一つ学んだな！」と言ったという。

商品販売の手法に関する物語もいくつかある。もっともよく知られているのは、フラットパッケージが生まれたときのエピソードだ。イケアによれば、このアイデアは一九五〇年代に、車のトランクにテーブルを入れようと苦戦していたスタッフが突然ひらめいたものだったという。

「フラットパッケージへの道は、イケアのコワーカーの一人がテーブル『ローヴェット（Lövet）』(19)の脚を外したときにはじまりました。そうすれば車に収まるし、移動中に破損することもありません。この発見のあと、フラットパックにして自分で組み立てるという方式がコンセプトに組み入れられたのです」（原注110）（次ページの写真参照）

また、あるスタッフは、商品を大量に並べたり積み重ねたりすることで特売品であることを示すというやり方は、自分が子どもだったときの経験からひらめいたものだと語っている。

「僕は一一人兄弟でね、母は週末の食事を何人分つくる必要があるのか把握するのに苦労していたんです。それで、今でいう『ビュッフェ』のようにして食事を準備するようになったんですよ。

(19)　スウェーデン語で「葉」を意味する。

うまそうな『つまみ』を山のように積んでね。(中略)ママのこのアイデアを、販売ディスプレイのテクニックにほぼそのまま置き換えたんですよ(原注111)」

本棚「ビリー(Billy)」は、イケアがとくに力を注いでいる家具の一つである。二〇〇九年に刊行された「ビリー」についての本は、人物記のような体裁でつくられている(原注112)(左の写真参照)。

冒頭のインタビューは、個人的なデータ、星座、家族、長所と短所、好みの本棚のタイプなどについての質問に「ビリー」が答えるという設定になっている。CDやDVDの収納用にデザインされた幅の狭い本棚「ベンノ(Benno)」については、見開き二ページが割かれている。ちなみに、「ベンノ」は「ビリー」の親友だそうだ。

「自分で言うのもなんだけど、僕たちは互いに補い合っているんだ。僕は本が好きで、ベンノは

「ローヴェット」1950年代半ば。(インターイケアシステムズ・BV社の許諾を得て掲載。© Inter IKEA Systems B.V.)

映画や音楽が好きなのさ（中略）彼は根っからの映画マニアなんだよ（原注113）」

「ビリー」のガールフレンドは、幅広タイプの棚「ベリスボー（Bergsbo）」だ。

「僕たちを引き合わせたのは、もちろん本に対する情熱だ。僕らの相性は最高だと思うよ。僕は小さいものの面倒を見て、彼女は大きいものを引き受けるんだ（原注114）」

この本では、「ビリー」が誕生した一九七九年から二〇〇九年までの歩みが、政治や社会の変化、ポピュラー文化の展開などと絡めて紹介されている。たとえば、「ビリー」が誕生したのはロックバンド「ザ・クラッシュ(20)」がアルバム『ロンドン・コーリング』をリリースした年、「ビリー」がバーチ材合板でつくられるようになったのは第二次世界大戦からちょうど五〇年後、といった具合だ。

「ビリー」の名前を特集したページには、同じ名前をもつ有名人のリストが掲載され、俳優のビリー・クリスタル(21)やロック歌手のビリー・ジョエル(22)らが名

(20)（The Clash）一九七六年にロンドンで結成。パンクバンドとして大成功を収めた。一九八六年に解散。

(21)（Billy Crystal, 1948〜）アメリカ・ニューヨーク州出身のコメディアン。テレビドラマや映画にも出演。

「ビリー」2009年刊行。（インターイケアシステムズ・BV社の許諾を得て掲載。© Inter IKEA Systems B.V.）

を連ねている。「ビリー」のお気に入りのサンドイッチのレシピや、大人と子どもにおすすめの本が紹介されたりもしている。

現実の世界では、サンドイッチのレシピやザ・クラッシュ、ビリー・クリスタルと本棚「ビリー」の間には何のつながりもない。この本はただ、製造、原材料、商品の歴史にまつわる、どちらかといえば無味乾燥な事実情報をドラマチックに演出しているだけである。

特定のイケア商品をめぐってストーリーがつくられるのは珍しいことではないし、これはイケアの専売特許というわけでもない。たとえば、美容業界には、奇跡といわれるクリームや秘伝の処方箋といったものにまつわる物語が無数に存在している。

商品を売るためにはこうした物語が重要で、信憑性は疑わしいものの、戦略としては有効であるとされている。物質的な原材料は、価格のごく一部にすぎない。成功の鍵を握るのは、商品の売り出し方、シンボルやデザインのあり方であり、自分をもっと素敵に、もっと魅力的に変えてくれるのではないかという期待である。

スキンケア事業を展開するエリザベス・アーデン社[23]の「エイトアワー・クリーム」の誕生をめぐる物語も、美容ジャーナリストや販売スタッフ、消費者らによって語り伝えられてきたものだ。アーデンの馬が、あるとき事故でひどい傷を負った。傷はなかなか治らず、どんな薬も効き目がない。アーデンは社内の薬剤師に、この傷を癒すクリームを開発するよう依頼した。やがて彼女は、自分でもそのクリームを使うようになった。もちろん、つくり方は企業秘密だ。(原注115)「クレーム ドゥ・ラ・メール」(24)をめぐるストーリーもこれと似ている。ここではアーデンの馬の代わりに、ロケット燃料事故に巻き込まれたNASAの技術者が登場する。火傷《やけど》の治療と格闘するなかで、彼は驚くべきことを発見した。ある海藻を適切な時期に収集し、四か月間発酵させると、高い治療効果のある成分が得られたのだ。ほとんど奇跡とも言えるこの海藻を使って、彼は自らの皮膚を救う奇跡のクリーム「クレーム ドゥ・ラ・メール」を開発した。(原注116)

こうしたクリームの物語は、基本的には口頭で伝えられてきた。イケアの場合も口頭伝承は重要で、社内における物語の伝播について検討する際には、マーケティングにおけるストーリーの口頭伝達と同じく、背景に「口コミ」があることを考慮している。

特定の商品やブランドについての消費者の意見は、ありきたりな広告よりも信憑性がある。なぜなら、セールストークとして言っているわけではないからだ。商品に関するストーリーが肯定的なものである場合、消費者は、言ってみれば無給のブランド大使か広告板のようなものである。

(22)（Billy Joel, 1949～）アメリカ・ニューヨーク州出身。ピアニスト、作曲家としても活動。
(23) カナダ出身の実業家エリザベス・アーデン（Elizabeth Arden, 1878～1966）が創業したアメリカの化粧品ブランド。
(24) アメリカの化粧品ブランド「ドゥ・ラ・メール（De La Mer）」が主力商品として販売している保湿クリーム。

そのストーリーは、会社の要請を受けて仕掛けられることもあれば、自然発生的に生まれることもある。(原注117)

一例を挙げると、「コカ・コーラ・ライト」に危険な成分が含まれているという噂はなかなか消えない。こうした話は、いわば現代的な民間寓話のようなもので、人には言えない夢や不安の現れである。

皮肉なことにコカ・コーラ社は、消費者を企業物語に巻き込んで信頼性を宣伝するということを早くからおこなってきた企業で、消費者は企業物語に貢献するとともに、広告板のようなものにもなっている。コカ・コーラ社は、長年にわたって「真実のストーリー」を収集してきた。世界中の人々にとって、「コカ・コーラ」ブランドがどのような意味をもっているのか、コカ・コーラが、愛や友情、そして戦争にどのように影響を与えてきたか、といったストーリーである。(原注118)

現在、消費者による物語は口頭によるものばかりではなく、本や映画、ウェブサイトでも伝達されている。イケアは、エルムフルトの第一号店が開店五〇周年(原注119)(二〇〇八年)を迎えるにあたり、人々の家具に関する思い出を本にして出版したことがある。その本には、客が語ったストーリーとともに、一九五〇年代のスウェーデンの社会構造に関する情報が掲載された。親切な販売スタッフや買い物をする喜びについての客の個人的な思い出が、イケアの物語の一部となっている。逸話によって信頼感がもたらされ、社会に関する一般的な情報が、それを意味づける枠組みとして機能するのである。

裕福な人のためでなく、賢い人のために

消費者やメディアを通じて繰り返し語られてきたイケアのストーリーは、ブランドの受容のあり方を考えるうえで重要である。その一方で、対外的なコミュニケーション戦略も重要だ。これについて決定的な影響力をもってきたのが、広告代理店のブリンドフォシュ社［四二ページ参照］である。

ブリンドフォシュ社のスタッフは、イケアブランドの形成と構築に大きく貢献した。特筆すべきは、『未来は可能性に満ちている』に描かれたストーリーを創出したことである。ブリンドフォシュ社は対外的なマーケティングにおいても中心的な役割を担い、イケアをめぐる神話の確立に一役買った。イケアがヨーロッパでのストア展開をはじめたことにともなって、ブリンドフォシュ社も徐々に国際化した。たとえば、ブリンドフォシュ社がドイツに支店を置くことにしたのは、新しい市場への参入を目指すイケアのニーズに応えるためだった(原注120)。

イケアの情報管理は、社内の他の部分と同じく、ロゴタイプの使用法からビッグイベントの企

画の仕方に至るまで、すべてガイドラインに沿っておこなわれている（原注121）。広告は主に地元で製作されるし、指示命令の解釈の仕方も国によって異なるが、それらを最終的に管理しているのはインターイケアシステムズ・BV社である（原注122）。マーケティング戦略も国ごとに違っているが、一般的にイケアの広告は、生意気だが気が利いていてユーモアがあり、挑戦的で刺激的だと認識されている。

アメリカに進出した一九八五年、イケアは「ここは大きな国だ。誰かが家具をそろえなきゃ」という自意識過剰なコピーを掲げた。イギリスでは、「プリント生地を追放しよう」（一九九六年）、「イギリスっぽいのはやめよう」（二〇〇〇年）といったキャンペーンがおこなわれた。

二〇〇九年に大統領に就任したバラク・オバマ[Barack Hussein Obama, 1961〜]を讃えた「変化を

2009年の広告「変化を受け入れよう」（インターイケアシステムズ・BV社の許諾を得て掲載。© Inter IKEA Systems B.V.）カラー口絵参照。

受け入れよう　二〇〇九」も印象的だ（写真参照）。この広告の一環として、ワシントンＤＣのユニオン駅にイケアの家具を備えた大統領執務室のレプリカが展示され、「チェンジは家からはじまる」「自宅のリフォームをするなら今！」といったキャッチコピーが添えられた。

こうした言い回しを採用したのはブリンドフォシュ社である。ブリンドフォシュ社は一九八〇年代にイケアの広告戦略を確立し、対外的コミュニケーションの基礎を築くのに貢献した。

ブリンドフォシュ社とイケアの協力関係がはじまったのは、イケアが急成長した時期である。急成長したことで、企業アイデンティティを形成する必要性が高まったのだ。協力関係は一九九〇年代後半まで続き、多くの国に及んだ。(原注123) この期間にブリンドフォシュ社のデザインによって生み出された数多くの広告やキャンペーンは、ニューヨークにはじまり世界に広がったいわゆる「広告創造革命」のスウェーデン版であったと考えてよいだろう。(原注124)

広告産業におけるこの革命は、一九四〇年に広告産業の戦略に異議を申し立てたウィリアム・バーンバック(25)と関連づけて説明されることが多い。彼は、この運動の火付け役と見なされる人物である。

(25)　(William Bernbach, 1911～1982) アメリカのコピーライター。写真表現と説明文章からなる「ノングラフィック」の広告制作手法を創始した。

かつてのコマーシャルは事実情報ばかりで、ユーモアを欠いた説教くさいものが多かった。その一方で、消費者は四方八方からやって来る売り込みに耳をふさがれており、会社が発する声を届けるのは徐々に難しくなった。

こうした状況のなかでバーンバックは、口やかましくおせっかいな広告は人々に嫌われ、そっぽを向かれるか耳を閉ざされるだけだと主張した。人々の関心を引きたいのなら、演説ではなく、打ち解けた会話をしなければならない。何を語るかだけでなく、どのように語るのかが大切なのだ。

バーンバックによれば、答えは創造性と芸術性にある。広告キャンペーンをデザインするにあたっては、クリエイティブな部分がかつてよりもずっと重視されるようになった。古めかしいルールブックに従うよりも、アイデアを考え出すことが重視されるようになり、これにともなって働き方も新しくなった。厳密な分業体制をやめてコピーライターとデザイナーが一緒に仕事をするようになり、集合的なアプローチをとることでより良いアイデアが多く生み出されることになった。

このことを実によく説明する例が、広告代理店DDB社(26)がつくったフォルクスワーゲンの広告である。彼らが受けた仕事は、一見すると不可能に思われた。大型車を持つことがステータスとされている国で、小さくてやや滑稽な、全体的に見栄えのしない車を売り出そうというのだ。しかもこの車は、かつてアドルフ・ヒトラー［Adolf Hitler, 1889～1945］が好んだものでもある。

彼らの出した答えは、従来の自動車広告とは正反対の広告をつくるというものだった。富裕層向けに設定された舞台で撮影された写真ではなく、郊外の住宅の前で、あるいは魅力的な女性と一緒に撮られた飾り気のない白黒写真、そして同様にシンプルで非個性的なグラフィックデザインを用いて「ビートル」は売り出された(原注125)。「レモン」（ほとんど役に立たないという意味）の文字を太字で描いた広告もつくられた。これは、この車の限界を示していたわけではない。まったく逆である。説明文によれば、この広告に描かれた車は、塗装にかすり傷があったというだけの理由でフォルクスワーゲン社に拒否されたという。メーカーが厳しい品質管理をおこなっていることを気真面目に主張するような広告であれば、こんなにも印象に残ることはなかっただろう。

この広告は、ドイツの品質管理者は神経症的と言っていいほどの完璧主義だというニュアンスを伝えている。このように、スマートなユーモアでセールスポイントを表現するのが当時の流行となった。また、DDB社は同じ広告を何度も繰り返し使うことをせず、新しいものを次々と送

(26)　ウィリアム・バーンバックらが一九四九年にニューヨークで創業。革新的な広告表現に挑戦し、「黄金の一〇年」と呼ばれる一九六〇年代の広告業界を主導した。

り出した。フォルクスワーゲンの別の広告では、家の前に置かれた車の写真に「あなたの家が大きく見えますよ」というコピーが添えられている。ドアに警察のマークを付けた車の写真に、「笑ってはいけない」というテキストが添えられたポスターもある。(原注126)

この創造革命は、まるで水面の波紋のように西洋世界に広がった。アメリカの先駆者からインスピレーションを得た広告代理店はスウェーデンにもいくつかあり、そのうちの一つがブリンドフォシュ社であった。(原注127)

一時期のイケアの広告は、アメリカでつくられたものにきわめて近かった。たとえば、ポール・ランド［Paul Rand, 1914〜1996］の広告だ。アメリカのグラフィックデザイナーであるポール・ランドは、ＩＢＭやＡＢＣテレビ、電機メーカーであるウェスティングハウス（Westinghouse）社などの伝説的なロゴタイプをつくった人物で、見る人自身の想像の余地を残す手法で人々の関心を集めた。

一九八二年に製作されたポスターは、ＩＢＭのロゴを判じ絵に仕立てたものだ。目（eye）、蜂（bee）、そして実際にロゴで用いられているＭの文字を並べて「Eye-Bee-M（アイ・ビー・エム）」となっている。(原注128)その三年後、イケアがアメリカのフィラデルフィアに初出店したときの広告では、ランドのこのアイデアが借用された。客にイケアの正しい発音を教えるという趣旨の判じ絵の広告で、目（eye）、鍵（key）、そして感嘆符の「アァ（ah）」で「イケア（IKEA）」

となる（原注129）（写真参照(27)）。

家具業界のロビン・フッド

広告代理店ブリンドフォシュ社と契約を結んだとき、イケアはスウェーデン国内ではわりと有名な家具チェーン店で、とくに低価格であることで知られていたが、評判が芳しくないことに悩んでいた。イケアが安い家具を売る店であることは広く知られていたが、品質のよさを評価する人は少数でしかなかったのだ。（原注130）

(27)「IKEA」は、英語では「アイキーア」と発音される。日本語では「イケア」と表記されているが、スウェーデン語での発音は「イケーア」である。

1985年の広告「こう発音しましょう」（インターイケアシステムズ・BV社の許諾を得て掲載。© Inter IKEA Systems B.V.）

ブリンドフォシュ社に課せられた任務は、イケアブランドの評判を向上させることだった。ブリンドフォシュ社は、気が利いていて軽妙な、それでいて皮肉の効いたキャッチコピーを使用することで人々の注意を引き付け、関心を呼び起こすことに成功した。(原注131)

ブリンドフォシュ社が初めてイケアと組んだのは、ストックホルム郊外のクンゲンスクルヴァにある旗艦店が新装オープンしたときである。建物の改装が進められるなか、リニューアルオープンの二週間前から、広告板には「一〇月二五、二六、二七、二八日は金欠にご注意を。まったく新しいイケアが、山ほどの特売品を用意してオープンします！」「休みをとって」「旅行に出かけないで」「病気で寝込まないで」といった忠告文が掲げられた。

オープンの数日前になると、さらなる通告が加わった。

「一〇月二五日の歯医者の予約はキャンセルして。一九八〇年代のイケアが、一九六〇年代並みの価格でオープンします。オープンは木曜九時」

「一〇月二五日までに元気になって。オープンはもうすぐ」(原注132)

「一〇月二五日には結婚式を挙げないで。オープンはもうすぐ」

オープンの際の広告には、「きっと行列ができます。きっと混雑します。でも、文句は言わないで。ちゃんと警告しましたから」というものもあった。そしてオープン後には、「裕福な人のためでなく、賢い人のために」というイケアの新しいキャッチコピーと、高級住宅街の高級ショップを彷彿とさせる「華やかな大通り」という新しいイメージが掲げられた。大通りの高級店と同じくらい品質のいい商品を、イケアは安い価格で売っています、というメッセージである。しかも、見た目までそっくりな商品もあった。

あるベッドの広告は、「自分でつくったベッドで寝るしかない［自業自得］」ということわざを掲げている。広告の右半分には、イケアのベッドで寝る男性が描かれている。マットレスとヘッドボードは、合計で八六〇クローナだ。(28) そして左半分には、別の男性が床に寝そべっている。添えてある説明文には、大通りの高級店で買い物をするなら、この金額で買えるのはヘッドボードと小さいラグだけ、と書かれている。

別の広告には、「買ったグラスが高価すぎて、コニャックを買うのをあきらめたっていう人がいるらしい」という見出しがついている。その片側には、八個で二三〇クローナのハンドメイドのブランデーグラス、反対側には機械生産のブランデーグラスとレミーマルタンの大ボトルがある（次ページの写真参照）。

「大通りの高級店で売っている有名ブランドの高級品と、ほぼ同じ品質のものが買えます。このことに乾杯しよう」(原注133)

---

(28)　一クローナは約一四円（二〇一五年七月現在）。

この広告は、イケアでは同じ金額でより多くのものを買えること、イケアの家具や日用品は高級店の商品と見た目は同じだということを伝えている。時には、高級ブランドが名指しされることさえあった。(原注134)

完成した部屋を比較して見せる広告もある。一方の部屋は高級店の商品が一つか二つ置いてあるだけで、もう一方の部屋はイケアの商品でいっぱいだ。また、よく似たキッチンを比較した広告もある。

「こちらのキッチンは八四六九クローナ。あちらはたったの四四七七クローナ。あなたはどちらがお好みですか」(原注135)

こうして見ると、イケアはいかにも厚かましい模倣業者である。言ってみれば「物まねゲーム」だ。他方、こうした広告やレトリックは、イケアが正義を追求する企業であり、裕福でない人々

1980年代初頭の広告「買ったグラスが高価すぎて、コニャックを買うのをあきらめたっていう人がいるらしい」(インターイケアシステムズ・BV社の許諾を得て掲載。© Inter IKEA Systems B.V.)

の役に立つことをしているというメッセージを伝えるものでもある。イケアストアは、金持ちから奪ったもの（高級品のコピー）を貧しい人（一般庶民）に提供する、ロビン・フッドのような存在なのだ。

ところで、イケアのデザインは盗用ではないかと疑う声も挙がっている。(原注136)『スウェーデンの家具　一八九〇～一九九〇年』の著者の一人は次のように述べている。

「家具業界の人々は、イケアのデザインについて、種をまいて収穫するだけで耕すことをしない、と苦情を申し立てている。模造品は数え切れず、それらがまたよく売れている」(原注137)

他方、こうした非難に対抗して、デザイナーや建築家、アーティストは常に以前のデザインから着想を得るものだと主張する声もある。(29) つまり、境界線は柔軟だという主張である。(原注138) ポストモダンをめぐるジャン・ボードリヤールの議論をもち出し、オリジナルとコピーとの間に、あるいは真実と虚偽との間に真っすぐな境界線を引くことはもはや不可能だと反論する人々もいる。(原注139)

ひらめきと改良とコピーの境界線をどこに引くべきか、議論は続いている。イケアは、他のメーカーよりも多く盗用をしているのだろうか。興味深い問いではあるが、これは本書の主たる関心ではない。だが、イケアにおけるフラットパッケージ導入のきっかけになった歴史的なテーブ

（29）（Jean Baudrillard, 1929～2007）フランスの哲学者、思想家。『消費社会の神話と構造』などの邦訳書がある。

ル「ローヴェット」がコピーかもしれない、というのは皮肉なことだ。このテーブルは、フィンランドのデザイナーであるタピオ・ヴィルカラの平皿「リーフ」に実によく似ているのである。[30] この平皿もまた、北欧デザインを象徴するものだ。(原注140)[31]

スウェーデンの人々のイケアに対する態度は一九八〇年代に一変し、イケアは単に価格が安いだけの店ではなく、図々しくも革新的な家具店だと認識されるようになった。しかも、ユーモアのセンスもある。だが、品質の面で劣っているというイメージは消えず、比較的裕福な人々を客として取り込むことはできていなかった。イケアが次に目を付けたのは、ここである。

安売り商品のイメージを払拭する試みとして開始されたキャンペーン「山小屋から宮殿まで」は、上々の成果を上げた。このキャンペーンでは、高級住宅にイケアの家具を配置してみせた広告が二〜三年の間に五〇種余りも作成され、その一部は金融関係の雑誌や一流デザイン誌にも掲載された。(原注141)

これらの広告は、自宅の家具をイケア商品と交換するという企画記事とよく似ており、イケアの家具を、高級なデザイン家具や調度品、さまざまなアート作品と一緒に配置した様子が掲載された。(原注142)[32] ある広告には、オランダのデザイナーであるヘリット・リートフェルトの代表作「赤と青の椅子」（一九一七年）が登場し、壁にはアンディ・ウォーホルの作品が掛けられている。[33] その他の家具はほとんどイケアのものだ。

別の広告では、マンハッタンのロフトを想像させる場面が描かれ、「ニューヨーク？　エルムフルト！」という見出しがついている（写真参照）。また、「ミラノ？　エルムフルト！」というものもある。

このキャンペーンで打ち出されたメッセージも、基本的には初期の広告と同じであった。イケアでは、高

---

(30)（Tapio Wirkkala, 1915～1985）フィンランドのデザイナー、彫刻家。自然をモチーフにしたデザインが多い。ガラス食器、家具、工業デザインなど多領域で活躍した。

(31)ヴィルカラの「リーフ」については、二九九ページの原注(140)を参照。

(32)（Gerrit Thomas Rietveld, 1888～1964）オランダの芸術運動「デ・スティル」を代表する建築家。「ジグザグチェア」などの名作椅子のデザインで知られる。

(33)（Andy Warhol, 1928～1987）アメリカの芸術家。大衆文化や消費社会を主題とするポップアートの第一人者で、キャンベルスープ缶やマリリン・モンローをモチーフにした作品が有名。

1980年代半ばの広告「ニューヨーク？ エルムフルト！」（インターイケアシステムズ・BV社の許諾を得て掲載。© Inter IKEA Systems B.V.）カラー口絵参照。

級店と同じくらい品質のよい家庭用品を安い価格で買えますよ、というメッセージだ。

当然、これらの広告に掲載された商品は、安っぽいコピー品のようには見えない。イケアが目指していたのは、裕福な人と同じようにおしゃれな家を持つ機会を一般の人々に提供し、「贅沢の民主化」を進めることであった。これらの広告は、それを示そうとしていたのである。

一九八〇年代には、企業アイデンティティの耐久性を高め、弾力あるものにすることが重視されるようになっていた。イケアは時流にうまく乗っていたのである。そういう企業がほかになかったわけではないが、それでも、この領域における先駆者はイケアであったと言ってよいだろう。イケアは、ブランドの創業をめぐる物語の助けを借りて、他のどの企業よりも強力な企業文化をつくりあげることに成功した。

ストーリーテリングが果たす機能は、マニュアル化された戦略を通じて生み出せるようなものではない。おそらく、経営者側が物語の作用を少しずつ認識するようになり、やがてそれを戦略的に発展させていったのではないだろうか。物語の文化は、どの会社にもたいていい存在している。しかし、それがはっきりと認識されていないことも多いのである。(原注143)

第3章 スウェーデンの物語

イケアがスウェーデン生まれであることは、当初からコンセプトに組み込まれていたわけではない。一九六一年まで、イケアの社名はフランス風に「Ikéa」と綴られており、「エ」にアクセントが置かれていた（原注1）（下図参照）。そして商品名には、「アントワネット」「リド」「カプリ」「ミラノ」「ピッコロ」「テキサス」など、イタリア、フランス、アメリカとのつながりを感じさせるものがあった（原注2）。スウェーデン的な要素が前面に出されるようになったのは、イケアが海外に進出しはじめてからのことである。

　実際、ドイツやカナダ、オーストラリアで、ヘラジカやヴァイキングといったスウェーデン的なシンボル「ナショナル・マーカー」が多く用いられるようになったのは、一九七〇年代である。どちらかと言えば保守的な家具業界において、イケアは他社とは異なる革新的な店として自らを売り込んだ。

　そのうえ、スウェーデン人はやや気難しい人々、

「イケア」のロゴ。1948－1949年。（インターイケアシステムズ・BV社の許諾を得て掲載。© Inter IKEA Systems B.V.）

奇妙な習慣や伝統をもっている人々だと思われていた（下図参照）。ドイツでは、「スウェーデンからやって来た、ありえない家具ストア」というキャッチコピーが掲げられ、フランスのストアでは「スウェーデン人はちょっとクレイジー」と謳われた。

一九八四年にイケア初の商標マニュアルが導入されたとき、ヘラジカとヴァイキングは姿を消した（原注3）。だがその一方で、ナショナル・アイデンティティは強化されていく。「スウェーデンらしさ」がイケアのブランド物語と企業文化の中心に位置づけられ、現在まで続くイケアの特徴が徐々に形づくられていった。世界中のすべてのイケアス

ヴァイキングを象った広告。1970年代のイケアは、ドイツ、カナダ、オーストラリアにおいて、ヘラジカやヴァイキングといったナショナル・マーカーを用いていた。（インターイケアシステムズ・BV 社の許諾を得て掲載。© Inter IKEA Systems B.V.）カラー口絵参照。

広告「イケアは閉店します」（インターイケアシステムズ・BV 社の許諾を得て掲載。© Inter IKEA Systems B.V.）

トアで、純化されたスウェーデンらしさが打ち出されるようになったのである。

当初は、抽象的なスウェーデンらしさのイメージが駆使されたのに加えて、具体的なシンボルや、美的にも言語的にもインパクトの強い表現が用いられていたが、一九八一年には、イケアブランドの「魂」が前面に押し出されるようになった。「イケアの魂」という端的な見出しをつけた当時の広告は、今では伝説となっている。この広告は、スウェーデンの広告賞を受賞した（原注4）（写真参照）。

広告の中央に配されているのは、緑に覆われた風景写真だ。空は青く、果てしなく続く田園地帯のずっと向こうへと石垣が伸びている。商品や値札は掲載されていない。このイメージ写真の狙いは、イケアのルーツがスモーランドというスウェーデンの片田舎にあることを伝えることにある。

写真の下には細かい文字が書き込まれ、スモーランド人が何世代にもわた

1981年の広告「イケアの魂」（インターイケアシステムズ・BV社の許諾を得て掲載。© Inter IKEA Systems B.V.）カラー口絵参照。

り、石だらけの土地で質素な倹約生活を強いられてきたこと、そのなかで彼らが自立を保ってきたことが説明されている。

「これこそがイケアの魂です。快適で趣味のよい住まいを安く提供すること。誰にでも手の届く住まいを。(中略)私たちは断固として、粘り強くそれを実現します。不可能なことなどありません。これがイケアです。スモーランドの石垣は、私たちの心の中へと続いているのです(原注5)」

この広告以後、はるかに続く石垣は、勤勉さや粘り強さといった特性を示すイケアのシンボルとして頻繁に用いられるようになった。イケアブランドを国際市場に売り込むためにナショナル・マーカー(原注6)を利用したこの広告こそ、イケアの「スウェーデン化」のはじまりであったと言ってよいだろう。

だが筆者には、スウェーデンらしさをめぐる神話を解体する意図はない。また、イケアが打ち出すスウェーデンらしさが、スウェーデンにおいて実感されるスウェーデンらしさとどの程度つながっているかを検証しようとしているわけでもない。

シンボルや神話、アイデアの間には、いくつもの矛盾がある。このことをふまえたうえで本章で考えたいのは、どのような出来事が神話化され、重要視されてきたのかということである。そのために、歴史的な背景も検討していきたい。

イケアの言うスウェーデン的なもの、スウェーデン的な規範、スウェーデン的な価値観とは何なのか。それらは何に由来し、どのように表現されているのか。本章の後半では、スウェーデンらしさを打ち出すための商品展開のあり方についても分析する。

イケアは長年にわたって、彼らが「スウェーデンらしさ」と呼ぶものを表現してきた。(原注7)しかし、何を典型的なスウェーデンらしさと呼びうるのだろうか。スウェーデンらしさなるものは、本当に存在するのだろうか。もし存在するとして、それはどのような要素で構成されているのだろうか。

スウェーデン人の国民性を規定するのは、いったい誰なのか。それは、すべてのスウェーデン人にあてはまるのか。罪深いブロンドの髪、安全な車、ABBA《アバ》、ヴァイキング、ヘラジカ、イングマル・ベルィマン［Ingmar Bergman, 1918~2007］の映画に登場する物悲しい人々。これらはいずれもスウェーデンを連想させるが、一貫性はない。スウェーデンらしさとは何か、スウェーデン人の国民性の特徴とは何かをダイレクトに示してくれるような枠組みは、存在しないのである。(原注8)

スウェーデンらしさをめぐる認識には、理念、伝統、歴史、フィクションなどの総体が影響を及ぼしている。ナショナル・アイデンティティとは、共同体意識にまつわる一連の物語であると言ってよい。その物語は、別の物語、別の共同体と対比される。自己と他者をつなげるこの共同体意識は、国民国家をめぐる現代の理論においてきわめて重要だ。ベネディクト・アンダーソン

〔一一ページ参照〕の著作はその嚆矢《こうし》であるが、そのほかにも多くの研究者が、国民としての意識は共同体の感覚によって成り立っていると主張している。(原注9)

ただし、これは匿名の共同体である。共同体を構成する人々の間には似ている点もなくはないが、私たちの仲間意識の基盤は、同じ国の国民であるという観念、つまり「われわれスウェーデン人」という観念にすぎない。国民の共同体とは、「国民であるわれわれ」という意識への欲求であると言ってもいいかもしれない。みんながその意識を共有し、同じように考えることを望んでいるのである。

集団も文化も、自己イメージを構築することによって自らが何であるかを定義する。伝統、慣習、信仰といったものは、国家の枠組みに適合するように調整されたりつくり替えられたりしている。また、たいていの場合、国民文化や国民集団は自らを他者よりも優れていると見なすものだ。こう考えれば、スウェーデンやスウェーデンらしさといったものも、目的や枠組みに応じてさまざまな意味づけが可能な概念であると言える。

均質的で魅力的な国民性を提示したいという欲求は、いろいろな場面に現れる。政府当局から商業ブランドに至るまで、あらゆるものが国民性を特徴づけるマーカーとして利用されてきた。たとえば、自動車産業を見ればわかりやすい。ほとんどパロディのようなものだが、スウェーデン車は安全性と信頼性を強調し、イタリア車はエレガンスさを、ドイツ車は性能のよさを売りに

して競い合っている。(原注10)

世間に流布しているスウェーデンのイメージは数多くあり、互いに矛盾するものも少なくない。スウェーデンは革新的な機能主義の奇跡であると言われることもあれば、きわめて伝統的な国であるとか、ヨーロッパの外れに位置する牧歌的な田舎であるとか言われることもある。

また、スウェーデン人の男性は、森の奥深くに住む、頑健でケンカ好きな人々だと思われてきた。あるいはその逆で、鈍感で、文明化されすぎてしまった弱虫だと見なされることもある。一方、スウェーデン人女性のイメージも同様に矛盾していて、強硬なフェミニストであると見られることもあれば、肌を露出したがる、だましやすいカモであるとも言われてきた。

二〇世紀初頭になると、スウェーデン人には、勇敢で優秀、気楽で思いやりがある国民というイメージが付与された。それから半世紀経つと、才能豊かで組織力がある人々と見なされるようになり、さらに二〇〜三〇年後には、争いを回避する真面目な人々、シャイで常識を重んじる人々ということになった。(原注11)

物語は、必然的にステレオタイプをつくり出す。何らかの振る舞い、何らかの特質が脚光を浴びる一方で、他の部分は見向きもされなかったりする。しかし、だからといって、国民性が純粋に想像の産物だと言うわけでもない。

青と黄色がものを言う

イケアのロゴタイプは、イケアにおいてもっとも目立つナショナル・マーカーである。スウェーデン国旗と同じ青と黄色の組み合わせは、もちろん偶然などではない。一般的にロゴタイプは、ブランドのビジュアルイメージを表す唯一最大のものと見なされている。（原注12）「ロゴはブランドへの入り口である」と言ったミルトン・グレイザー（1）の表現は、言い得て妙である。

ロゴタイプには、その会社の性格が表れていることが多い。イギリスの自動車ブランド「ジャガー」のマスコット「リーピングジャガー」は、ジャガーがこの動物と同じようなスピード感とエレガンスをもち合わせていることを語っている。また、〈プレイボーイ〉誌のロゴを見れば、この雑誌が性的なことを扱っているとすぐわかる。明るい瞳と印象的な蝶ネクタイは、スタイルとステータスを暗示するものでもあり、〈プレイボーイ〉誌のマスコットであるウサギが、ウォルト・ディズニー社の『バンビ』に登場するウサギの「タンパー」とまちがわれることはほとんどない。

多くのロゴはシンプルな形をしているが、ロゴを手書きにする例もある。安心感を演出し、品質と信頼性を伝えるためだ。カルティエ〔フランスのジュエリー・時計ブランド〕、ハロッズ〔イ

ギリスの高級百貨店〕、ライカ〔ドイツのカメラブランド〕、ポール・スミス(2)などがこれにあてはまる。(原注13)

イケアの場合、ロゴはスウェーデンらしさそのものである。従来用いられていた赤と白のロゴ（本書の帯参照）に代わって青と黄色のエンブレムが導入されたのは一九八四年のことであった。ストアの外壁は青く塗られ、前面に黄色のロゴが取り付けられた。スタッフのユニフォームも同様の色使いになった。(原注14)

スウェーデンらしさは、北欧的な響きをもつ商品名にも表れている。商品名には、スウェーデン語の「å」「ä」「ö」の文字がそのまま使われ、「ティレサンド（Tylösand）」という名のソファは、ロサンゼルスのストアでもストックホルムのストアでも「Tylösand」と表記されている。(原注15)かつて使用されていた非北欧的な商品名は、すっかり姿を消した。

商品の名付け方には特別なルールがある。ソファとコーヒーテーブルにはスウェーデンの地名が使われ、テキスタイルにはデンマークの地名、あるいは女性の名前が用いられている。照明器具は海や湖の名前、ベッドはノルウェーの地名、カーペットはたいていの場合、デンマークの地

（1）（Milton Glaser, 1929〜）ニューヨークで活躍するグラフィックデザイナー。ニューヨーク州の依頼で制作した「I♥NY」のロゴで知られる。

（2）イギリスのデザイナー、ポール・スミス（Paul Smith, 1946〜）によるファッションブランド。

名だ。椅子には男性の名前やフィンランドの地名が付けられることが多く、屋外用家具には北欧の島の名前が付いている。そして、子ども向けの商品にはスウェーデン語の形容詞か動物の名前が付けられている。（原注16）

　もう一つ、明確な国民的シンボルがある。イケアで販売されている食品だ。イケアは家具や家庭用品を売っているだけでなく、加工食品の輸出でもスウェーデン最大規模を誇っている。イケアレストランではミートボールを提供し、食品売り場ではラスクや瓶詰めのニシンを売っている。

　最初のイケアレストランがオープンしたのは一九五九年だが、スウェーデン料理の象徴、ポテトとコケモモのジャムを添えたミートボールが初めてメニューに登場した

イケアフードのパッケージ（© Stockholm Design Lab, Stockholm.）カラー口絵参照。

のは一九八三年である。(原注17)挽肉を小さく丸めた料理は多くの国に存在するが、国際社会におけるミートボールの概念は、まるでスウェーデンに独占されてしまったかのようだ。ロラン・バルト(3)の言葉を借りれば、神話的なレベルでミートボールは「スウェーデンらしさ」と結び付けられている。(原注18)そして、イケアがこの料理の所有権を主張しているというわけだ。

いくつかのストアではその地域の郷土料理も提供されているが、メニューの大部分は世界中どのストアでも共通している。「スウェーデン・フードマーケット」と呼ばれる食品売り場でも、同じくスウェーデンのあらゆる名産品が売られている。

二〇〇六年には、イケアの食品シリーズが発売された。このシリーズも、スウェーデン語の商品名で売られている（写真参照）。「ドリュック・フレーデル（エルダーフラワーのドリンク）」「シル・ディル（ディル風味のニシン）」「クネッケブロード（クラッカーのようなパン）」などである。食品売り場では、スウェーデンの主要な祝日や伝統行事を祝ったり、スウェーデン料理やシナモンロールなどのペストリーの簡単なレシピを紹介したりといったこともおこなわれている。(原注19)

（3）（Roland Barthes, 1915～1980）フランスの哲学者。主著『神話作用』『物語の構造分析』など。

自然を愛するスウェーデン人、倹約家のスモーランド人

スウェーデンらしさを表す際には、数多くの牧歌的な光景が用いられる。「イケアの魂」の広告に掲げられた風景写真もその一つだ。自然に対する愛情はどの国にも見られるが、スウェーデンらしさの根幹を示そうとする際には、アネモネの茂み、繊細なカバノキがまばらに生える湿地、静かな湖、苔に覆われた岩、実り豊かな田畑などの風景がよく用いられている。(原注20)

ただし、自然がスウェーデンの特徴だと言われるようになったのは、比較的最近のことである。スウェーデンの景観は、昔からずっと魅力のあるものと見なされていたわけではない。一九世紀のスウェーデンでは、自然は厳しく過酷なもの、平凡でつまらないものとされていた。人々が自然に関して理想視していたのは、南欧の庭園風景である。

スウェーデンの自然に新たなまなざしが向けられるようになったのは、ナショナル・ロマンティシズム(4)の広まりがきっかけだった。スウェーデンの自然は手放しで称賛されるようになり、スウェーデン人は自分たちのことを自然愛好家と見なすようになった。とはいえ、自らの居住環境に対する親しみを美辞麗句で表現するというのはスウェーデンにかぎったことではない。似たようなことは他の国でもおこなわれており、とくにイギリスで顕著であった。(原注21)

穏やかで物悲しくもあるスウェーデンの景観は、スウェーデン人の新たなアイデンティティの構築に深くかかわり、重要なメタファーとしてほぼ定着した。(原注22) イケアは、こうしたナショナル・ロマンティシズム的なイメージとステレオタイプを引き取って、世界に広めたわけである。

「スウェーデンでは、家と自然こそが人々の暮らしのなかで大きな役割を果たしています。実のところ、スウェーデンのインテリアスタイルを形容するなら、スウェーデンの自然を形容するのが一番だったりもします。光にあふれ、空気はさわやかで、でも落ち着きがあって、慎ましやかなのです」(原注23)

ナショナル・ロマンティシズムの思潮においては、スウェーデンの景観は他国の自然とは異なるもの、より魅力的で美しいものと見なされた。また、自然はどことなくデモクラティックなもの、階級の垣根を越える能力をもつものに見立てられていた。貧しい者も裕福な者も、スウェーデン人は自然の前ではみな平等、というわけだ。

ある意味では、スウェーデンの野山や湖はすべての人々の所有物である。スウェーデンでは、森や湖に自由に立ち入る法的な権利がすべての人に保障されている。そこが私有地であっても、

（4）　自国の伝統や固有の風土を重視する思潮。主に北欧や東欧などヨーロッパの周辺とされる地域で、文学、美術、建築などの領域に波及した。

誰でも自由に立ち入ることができるのだ。(5) こうしたことは、他の国では厳しく制限されている。
森や湖に対するスウェーデン人の情熱は、最初は科学者や文化人からはじまったが、何年かのうちに多くの人々の間に浸透した。一八八五年に設立されたスウェーデン観光協会(STF)が、「自分たちの国を知ろう!」というモットーを掲げて野外レクリエーションを推奨する一方で、学齢期の子どもたちは、遠足に参加させられたり、自然を詩的に描写した文学作品を読まされたりするなかで、森や湖、そこに暮らす動物と対面することになった。スウェーデン人の自然への愛情を語る決まり文句については、社会化のあり方やプロパガンダの視点から検討してみることも必要である。(原注24)
他と同じく、スウェーデンにも地域特有の神話や諺《ことわざ》がある。イケアがスウェーデン的なものに言及する際にも、地域的な要素、つまりスモーランドの地域性が重視されている。カンプラードがスモーランド出身であるということは、それ自体がいつの間か美徳となり、スモーランド特有の気質がイケアの企業アイデンティティに組み込まれるに至っている。
「イケアのコンセプトも、創業者の生誕地であるスモーランド地方で生まれました。スウェーデン南部のこの地方は表土が薄く、土壌がやせています。人々はよく働き、慎ましやかに暮らし、かぎられた資源を有効に使うために工夫しています。こうした物事への取り組み方が、価格を低く抑えるというイケアのアプローチの核心にあるのです」(原注25)

スモーランド地方およびスモーランド人についてのイケアの説明は、従来のものに比べてとくにステレオタイプ的だというわけではない。自然についての決まり文句と同じく、これもナショナル・ロマンティシズムにルーツがある。

スモーランドは、もともと小さな土地（スモール・ランド）が多数集まってできた地域だった。一六世紀から一八世紀にかけて書かれた書物には、この地域がやや見下されていたことを示す記述が見られる。スモーランドに住む人々は、頼りなくずる賢いと思われていたようだ。だが、ナショナル・ロマンティシズム運動が展開するにしたがって、スモーランド人に対するまなざしは肯定的なものへと変わった。石だらけの土地も、この地域の住民の大切な象徴であると考えられるようになり、「ケチな人々」だったこの地域の住民は、「革新的で質素な、抜け目のない人々」になったのだ。(原注26)

世界に流布するイケアの物語は、スウェーデンらしさを世界に広め、イケアの出身地スモーランドを有名にした。

「スモーランドは世界と出会ったのです(原注27)」

（5）これは「自然環境享受権（allemansrätten）」と呼ばれる慣習法で、デンマークやノルウェーにおいても同様の権利が法律で認められている。

世界に進出したことによって、スウェーデン人以外のスタッフも上級管理職に就くようになった。イケアにおける「スウェーデンらしさ」は、国籍とは関係のないものとされている。「イケアバリューは、スウェーデンあるいはスモーランドの出身であれば理解できるというものではありません。たくさんの非スウェーデン人スタッフが、イケアバリューをしっかりと内面化しています」(原注28)

福祉と福祉国家

イケアは、スウェーデンの本質的な自己イメージの創出にも関与してきた。イケアの物語ではロマン主義的な田舎のイメージがよく利用されてきたが、近代性やデモクラシー、社会経済的な公正さといったものもたびたび引き合いに出されている。

「貧富の別なく人々にケアが行き届く福祉社会。イケアが創業したのは、スウェーデンがそうした社会の先駆けになりつつあったころでした。このテーマもイケアのビジョンと共通しています」(原注29)

失業や社会的分断がほとんど存在しないスウェーデンは、右派と左派の両方からモデル社会と見なされてきた。規範や調和を重んじる国家イメージの裏側には、それとは異なる現実を示す物語も存在する。しかし、調和的なモデル国家、貧困や不正のない国家というスウェーデン像は現実に根ざしたものである。

かつて貧困国であったスウェーデンは、一九二〇年から一九六五年までの間に、生活水準の高い福祉国家へと変容した。一九三〇年代から一九七〇年代まで政権を担った社会民主党は、失業保険の制度化、職業安定所の設置、年次有給休暇の保障、子ども手当、国民年金の整備など、数多くの改革をおこなった。これらによって、社会的経済的な安心感の水準は他国とは比べものにならないほどになった。

スウェーデンの国民は、失業したり、病気になったり、年をとったりした際には、政府が責任をもって一定の生活水準を保障すべきだと考えている（原注30）。スウェーデンにおける福祉の観念は、たとえばイギリスの福祉国家概念と比べてもずっと幅広い。イギリス福祉国家は、所得調査をおこなったうえでリスクの高い人々に手当を支給するという方式を取っているが、スウェーデンでは、社会組織そのものが福祉の観念を中心にしてつくられている。

マーキス・チャイルズの著作『中庸を行くスウェーデン』（一九三六年［邦訳一九三八年］）には、スウェーデンへの肯定的な見解を示す重要な文章が収められている（原注31）。この本は、アメリカ資本主義とソビエト社会主義の中間の道を模索したものである。

チャイルズは、スウェーデンの特徴として、労働組合と雇用主が政府を介さずに協定を結び、広範囲な企業セクターを含みこんだ仕組みをつくりあげていることを指摘した。のちに「スウェーデンモデル」と呼ばれるようになったものである。「中庸の道」にとってもう一つ重要であったのは、社会民主党が重視していた社会保障と福祉プログラムである。

「スウェーデンモデル」の同義語として、「国民の家」あるいは「スウェーデン福祉国家」という表現がよく使われる。「国民の家」とは、社会民主党の党首を務めたペール・アルビン・ハンソン［Per Albin Hansson, 1885~1946］が提唱したものだ。ハンソンは一九二八年の有名な演説において、みな平等で、互いに気遣い、協力し助け合う家庭のような国家の構想を語った。(原注32) つまり、特権も貧困もない国家を「家」にたとえたのである。社会民主党は、住宅不足の解消、家庭の経済的利益の保障、健康の向上を積極的に目指す福祉プログラムを策定し、国民は誰一人としてここから排除されるべきではないとした。

スウェーデン社会の近代化は、集団的な進歩の理念にもとづくものであった。これを通じてアイデンティティが構築されたと解釈することもできる。社会民主党の福祉政策は、単に物質的な安定を保障することにとどまらず、より抽象的で比喩的なものを志向していた。情緒的安定の一形態としての、帰属の権利である。

福祉国家の形成はスウェーデンの人々に自尊心をもたらし、福祉は近代スウェーデンのアイデンティティを表現する際に欠かせないものとなった。社会的経済的な安定が、国民としての共同体意識や連帯感と結合した。こうした安定こそが、スウェーデンらしさだと見なされるようになったのである。(原注33)

スウェーデンは、政策を最適に組み合わせることに成功した国だ。イケアがこの国について語る際には、共同体や連帯といった観念は次のように表現される。イケアが一九九五年に出版した『デモクラティック・デザイン』という本に書かれている言葉である。

「(イケアは)スウェーデンで成長しました。イケアの心は、今でもスウェーデンにあります。スウェーデンで育った人はみな、父親から、あるいは社会から、裕福でない人には裕福な人と同じチャンスが与えられるべきだと教えられてきました。スウェーデン生まれのイケアは、もちろんスウェーデン的な価値を支持しています」(原注34)

「国民の家」という言葉は、国家の比喩としてのみ使われているわけではない。家庭は文字どおり福祉国家形成の拠点となり、住宅は市民の権利であると考えられるようになった。すべての人々に行きわたるだけの住居が建設されなければならない。そして、住まいを手に入れた人々には、インテリアの整え方を最善の方法で教えなければならない。スウェーデンには昔から、教育を通じて大衆の趣味を改善しようとする考え方があった。趣味の良し悪しは、善と悪、賢さと愚かさにつながっていると考えられてきたのである。(原注35)

美をすべての人に

スウェーデン人は住まいに対する関心が高いが、これは二〇世紀に入ってから生じた現象である。二〇世紀初頭は住居が不足していたことに加え、既存の集合住宅の環境は劣悪だった。田舎から都市へと移ってくる人々すべてに行きわたるだけの住居はなく、薄暗い長屋に大家族がひしめき合って暮らしていた。貧困が蔓延し、家庭内の衛生状態は悪く、公衆衛生も整備されていなかった。

住宅問題に対しては、道徳的な側面からも批判の声が上がっていた。行政は万人向きの無難な住宅を建設しようとしていたが、これに対して、インテリアをきちんと整えるべきだという意見が力をもちつつあったのだ。そのなかでとくに影響力を発揮していたのは、エレン・ケイ［七七ページの注（17）参照］による『家庭の美（*Skönhet i hemmen*）』（一八九九年）という論文である。

ケイはこの論文で、(原注36)外部と内部はつながっており、美しい環境で暮らしている人は善良で幸福な人になる、と力説した。ケイは、美には人を善良に変える力があると考えていた。だからこそ、誰もが美しい環境のなかで暮らす権利があると主張したのである。こうした考え方の背景には、社会や民主主義に対する強い関心があった。

ケイは、庶民的な趣味《テイスト》が衰退していることを問題として指摘した。多くの人々は、美とは何であるかを知らない。それゆえに、このことについて教育を受ける必要があった。(原注37)

ウィリアム・モリス(6)とアーツ・アンド・クラフツ運動(7)から着想を得たケイは、美を質素さ、適切さ、調和、誠実さにつながるものと捉え、具体的なルールを考案した。たとえば、壁紙は安いものを買うこと、貼るときには裏表にして模様が見えないようにすること、といった具合である。なかでも、曲線的で複雑な形や派手な多色使いは避け、シンプルな形とモノトーンの色調を選ぶこと、という助言がもっとも重要なものと目されていた。(原注38)

こうした住まいのモデルとなっていたのは、画家のカール・ラーションとカーリン・ラーション夫妻［七七ページの注（16）参照］の自宅であった。ダーラナ地方のスンドボーン（Sundborn）にあったこの家が、ケイの構想に美的な枠組みを提供したのである。

カール・ラーションは自宅を舞台とした水彩画シリーズを描き、一八九九年にこれを本として

(6)（William Morris, 1834～1896）イギリスのマルクス主義者で詩人、デザイナー。労働の喜びや手仕事の美が衰退することに危機感を抱き、社会変革を目指して活動した。

(7)　ウィリアム・モリスが主導した工芸革新運動。生活と芸術を一致させることを目指し、職人による手工芸品の復興を試みた。

出版している（下図参照）。裕福な中産階級家庭には、たいてい一九世紀の典型的な家具が備えられていたが、ラーション家のインテリアはそれとはまったく異なっていた。大きく重厚な暗色の家具は置かず、鮮やかな色彩と自然素材を用いた、質素で明るいインテリアがラーション家の特徴であった。彼の絵は、満ち足りた共同生活の様子を伝えていた。まるで、幸せな家庭生活とインテリアとが連動しているかのようだった。

ラーションは自らの水彩画シリーズに、ブロンドで青い目をした子どもたちが家で過ごす様子を描いた。これが大量に複製され、やがてスウェーデンらしさを体現するものとなり、そしてイケアが掲げる理想のスタイルへとつながっていったのである。

カール・ラーション「花を飾った窓」。『ある住まい』より。（NMB 268. © Nationalmuseum, Stockholm.）カラー口絵参照。

「一八〇〇年代後半、アーティストのカール&カーリン・ラーション夫妻は、温もりのあるスウェーデンの民族的スタイルをクラシカルな様式に融合させ、今日世界中で知られているスウェーデンデザインの原形を創り上げました(原注39)」

カール・ラーションの画集『ある住まい（*Ett hem*）』は、彼らの美学を示しただけでなく、一つのライフスタイルを提唱するものでもあった。堅苦しさのない寛げる家庭生活、その中心には子どもたちがいる。このライフスタイルが、やがて「真のスウェーデンらしさ」であると見なされるようになった。

児童中心主義の教育思想家でもあったケイは、ラーション家に心から賛同していた。彼女は、子どもには余暇が必要で、自由に遊びながら想像力と感情を発達させる機会がなければならないと主張していた。子どもを管理したり、抑え付けたり、制圧したりするのではなく、大人のほうが子ども自身のニーズと行動に適応しなくてはならない。これ以降、スウェーデンで教育改革に携わっていた人々の多くが同様のことを言うようになった(原注40)。

ケイの思想は、グレゴール・パウルソン(8)に引き継がれた。パウルソンは社会問題にも関心を寄

（８）（Gregor Paulsson, 1889～1977）スウェーデンの美術史家。機能的な日用品のなかに美を見いだすことを提唱し、スウェーデンの近代産業デザインに大きな影響を与えた。

せる美術史家で、ドイツ工作連盟[9]とつながりをもつ芸術家や建築家たちから強く影響を受けていた。パウルソンの著書『より美しい日用品（*Vackrare vardagsvara*）』（一九一九年）は、ドイツ工作連盟の指導者たちの思想を汲んでいる。この本でパウルソンは、美しく手頃な製品を多くの人が手に取るようになった暁には、機械を使った合理的なやり方でそれらを生産する必要が生じるだろうと主張した（写真参照）。

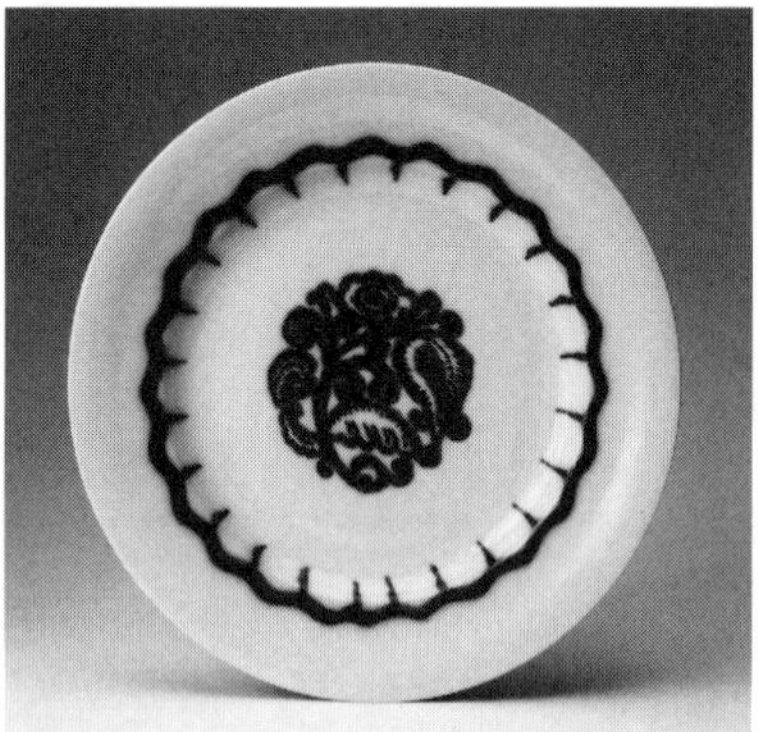

ヴィルヘルム・コーゲ［Willhelm Kåge, 1889～1960］がデザインしたスープ皿。グスタフスベリ社、スウェーデン、1917年。ブルーのユリをモチーフにした「労働者の食器」として知られる。この食器シリーズは、魅力的だが安価な「グッド・デザイン」をつくり出そうという努力のもとで生まれた。（© Nationalmuseum, Stockholm.）

ストックホルムでは、一九三〇年に大規模な国際博覧会が開催されることになっていた（左図参照）[10]。パウルソン[原注41]は一九二〇年代末からこの計画策定に携わるようになり、モダニズムの考え方を幅広く提唱した。また、意見表明書のような体裁でつくられた共著『アクセプテーラ（*Acceptera*：スウェーデン語で「受け入れよ」という意味）』（一九三一年）では、住宅不足の解決と、多くの人々が直面させられている劣悪な生活環境の改善のために建設業の合理化を要求した。

住宅問題の解決を公約に掲げていた社会民主党が政権を獲得したのは、その翌年である。同様のことを主張していたモダニストの建築家たちを社会民主党が支援したのは、当然のことであった（原注42）(11)。

『家庭の美』『より美しい日用品』『アクセプテーラ』は、当時の主要な政治課題にとっても、スウェーデンの建築とインテリアデザインをめぐる言説にとっても、きわめて重要な意味をもった（原注43）。これら三冊はいずれも、デザインと建築を社会発展の重要なツー

シーグルド・レーヴェレンツ［Sigurd Lewerentz, 1885～1975］によるポスター「ストックホルム博覧会」1930年。（© Nationalmuseum, Stockholm.）

---

(9)　一九〇七年にミュンヘンで設立された団体。建築家、デザイナー、実業家らが参加した。ウィリアム・モリスの思想に影響を受けつつも、工業化と規格化によって質のよい製品を普及させることを目指し、近代産業デザインの先駆けとなった。

(10)　当時の状況については、二九五ページの原注（41）を参照。

(11)　スウェーデンのモダニズム建築を牽引した建築家については、二九四ページの原注（42）を参照。

ルとして認識していた。そして住宅問題は、政治的に解決されるべき課題と見なされるようになっていた。

もう一つ、この三冊に共通していたのは、文章がきわめて規範的で、父権主義的な要素が強く、人々の趣味を権威主義的に教育することを重視していた点である。これにはそれなりの影響力があった。

一九四〇年代に入ると、住居内での人々の行動に関する調査が政府によって着手された。住居がどのように使われているのか、人々はどこで寝て、どこで食事をするのか、子ども専用の空間はあるのかといったことが調査された結果、明らかになったのは、窮屈な空間で暮らしながらも、多くの人が以前からの慣習を手放していなかったことである。ほとんど使っていない応接間の隣の部屋で、家族全員が狭苦しく暮らしたりしていたのだ。

人口過密のために犠牲を強いられている人がいる一方で、すし詰め状態で暮らすことを自ら選んでいる人もいる。こうした状況は、無知によるものだと考えられた。(原注44) 対処すべきは、この無知である。専門家による教育さえあれば、人々はより良い選択をするようになるはずだ。政府はそう確信するに至った。

まもなく、「不合理な慣習」を打破することを目指す講座や展覧会が街にあふれるようになった。アドバイスを掲載した雑誌コラムも多く登場し、冴えないインテリア、暗く鬱陶しい家具に代えて、スリムで明るく実用的なものが推奨されるようになった。（原注45）また、公的な場面でも、清潔感があり、シンプルで目的に適したスタイル、明るく軽快なスタイルが望ましいものとして言及されるようになった。端的に言えば、イケアが「スウェーデンらしさ」として表現してきたものは、まさしくこれである。

「デザインへのスウェーデン的なアプローチは、イケアの取扱商品の原則でもあり、今でもスウェーデンで発展し続けています。そのインテリアは、モダンでありながら流行を追いかけるものではなく、機能的でありながら見た目も魅力的で、人間中心的で子どもにも優しいものです。色や素材を厳選することによって、清廉で健康的なスウェーデンのライフスタイルが表現されているのです（原注46）」

当時、このような観点から人々を教育しようとしていたのは政府だけではなかった。ストックホルムの高級店、ＮＫ《エヌコー》デパート（12）の家具インテリア売り場でも、一九四七年から一九六五年までの間、インテリアの講座がたびたび開かれていた。家具売り場にインテリアの実例を展示するというやり方は、イケアのトレードマークのように思われているが、スウェーデンでそれを最初におこなったのはこのＮＫデパートだったのである（原注47）。

（12）（Nordiska Kompaniet）一九〇二年創業の、スウェーデンを代表する老舗百貨店。

スウェディッシュモダンと北欧デザイン

社会主義と資本主義の中庸を行っているというスウェーデンのイメージは、スウェーデンデザインの販売戦略にとっては追い風であった。一九三〇年代には、より柔らかいモダニズムを表現するものとして「スウェディッシュモダン」という言葉がつくられている。メタル管の代わりに木材を用い、固い印象を与える直角的なデザインではなく、有機的な形状をもつスタイルとなっている。

このスタイルは、政治の世界において中庸の道が選ばれたのと同時期に生まれた。スウェーデン人デザイナーの国際的な成功を示す例としてもよく言及されるが、すでに指摘したとおり、「スウェディッシュモダン」(原注48)という表現はアメリカ製の家具やアメリカ人デザイナーの作品を描写する際にもよく使われている。つまり、「スウェディッシュ」なスタイルとは、デザインそのものの特徴、あるいはデザインの起源を指しているのではなく、スウェーデンとスウェーデンデザインをめぐる物語をもとにつくり出されたものである。

「北欧デザイン」のコンセプトも、これとほとんど変わらない。このコンセプトも、一種の戦略的提携として、商売とマーケティングのために構築されたものであった。

一九五〇年代に、北欧諸国は共同でアメリカのデザイン市場に乗り出した。展示会や出版物、コマーシャルイベントなどが次々と企画され、スカンジナヴィアは地域的かつ文化的な統一体であると謳われた。北欧諸国を特徴づけるのは、社会的責任、模範的な民主主義、そし共通の美的感覚である。エレガントだが、華美な装飾のない控えめなデザイン、そして自然素材を用いていることが北欧デザインに共通する要素であるとされた。(原注49)

このスタイルは、時宜にかなっていたと言ってよい。ドイツ発祥の厳格なモダニズムとは異なり、北欧のモダニズムは温かくソフトなものとして冷戦時代のアメリカで受け入れられた。ドイツ的なモダニズムには、権威主義的で冷たく、高度に規格化されたイメージがあったが、北欧デザインは人間的でデモクラティックなものとされた。さほど革新的ではなく、社会的ではあるが社会主義的ではないモダンスタイルである。(原注50)

北欧デザインを売り出すにあたってもっとも重要なステップとなったのは、「スカンジナヴィアのデザイン（*Design in Scandinavia*）」と題された展示会であった。この展示会は一九五四年から一九五七年まで、アメリカとカナダを巡回した。来場者は記録的な数に上り、多くの出版物が刊行された。さらに、この展示会の筋書きは、北欧のメーカーにとっては完璧なものだった。批評家たちは展示会を称賛し、北欧のあらゆるベンチャー企業に小売店が群がった。(原注51)

この展示会にはフィンランドも出品していたが、フィンランドは厳密にはスカンジナヴィアの一部ではない。(13) だが、それを気にする者などいなかった。戦禍のあとのフィンランドにとって、ソビエト陣営からの独立をアピールすることには重要な意味があり、アメリカ市場に参入するにあたって、デザイン展示会はまたとない機会だった。(原注52)

北欧諸国の個々の違いについて、殊更に重視する人はほとんどいない。むしろ、同質性のほうが強調されてきた。スウェーデンの社会評論家ウルフ・ホード・アフ・セーゲルスタード［Ulf Hård af Segerstad, 1915~2006］は著書『スカンジナヴィアンデザイン』（一九六一年）で、スカンジナヴィアは「美的文化を共有する四つの国」(原注53)だと述べている。

また、パリの装飾芸術美術館で一九六八年に「スカンジナヴィアの造形（*Formes Scandinaves*）」と題された展示会が開催されたことを見ても、「スカンジナヴィア」という言葉が商業的な価値を獲得していたことは明らかだ。この展示会にはすべての北欧諸国から出品があったが、この美術館は「*Nordique*（ノルディク）」や「*Nord*（ノール）」(14) といった馴染みのない表現は使わず、あえて「*Scandinave*（スカンンディナヴ）」という言葉を使用した。そのほうが商業的な効果が高かったのだ。(原注54)

住まいのスタイル

戦後のスウェーデンデザインは、「北欧デザイン」として広く知られることになった。イケアでも、大衆向けにアレンジされた手頃な北欧デザインが売り出された。(原注55) イケアも他と同じく、北欧デザインというコンセプトをうまく利用したと言ってよいだろう。

一九七〇年代に入ると、イケアは人々の暮らし方についての体系的な調査を開始した。この調査で重要な役割を果たしたのは、数十年間にわたってイケアで重職に就いていたレンナート・エークマルク［Lennart Ekmark］である。(原注56) 情報収集にあたって、彼はスウェーデン消費者庁や自治体の住宅相談サービスなどに協力を仰いだ。また、住まいをめぐる習慣やニーズを理解するには実際の状況を見ることが必要だと主張し、新たに「生活状況」という考え方を打ち出したのも彼である。(原注57)

この考え方は結果としてうまく機能し、現在でも、家庭生活の状況を人生の各段階に応じて把

---

(13)　スカンジナヴィアはスウェーデン、ノルウェー、デンマークの三か国を指し、フィンランドは含まない。
(14)　いずれもフィンランドを含む「北欧」を意味する。

握するためのツールとして活用されている。まず、子どものいる家庭といない家庭とを区分し、それをさらに細かく区分するという方法だ。すべての家庭は、幼児のいる家庭、年長の子どもがいる家庭、実家を出たばかりの若者の独り暮らし、若いカップル、単身世帯、中年以上の安定した家庭（単身／カップル）などに区分される。(原注58)

イケアの商品ラインナップが現在のように安定するまでには、かなりの時間がかかっている。一九七〇年代まではストアごとにはっきりとした特徴があり、取扱商品も異なっていた。やがて各ストアは徐々に均質化され、どのストアでもほぼ同じものが買えるようになった。ストアの規模によって取扱商品の幅は違うが、基本的には、世界中のどのストアでも同じ商品、同じインテリアを扱っている。(原注59)(15)

取扱商品、品目数、価格、輸送、デザインに関する決定は、すべてエルムフルトにある「イケア・オブ・スウェーデン（IKEA of Sweden）」がおこなっている。「イケア・オブ・スウェーデン」は、バイヤー、商品開発者、プロダクトデザイナーなどからなる組織である。(原注60) 当然ながら、取扱商品は固定されているわけではなく、廃止されるもの、新規に追加されるものがある。定番商品もあるが、各ストアが独自に選んで販売する「フリーレンジ」といわれる商品群もある。

カンプラードのテスタメントによれば、定番商品は、これぞイケアだと思わせるようなものでなければならない。北欧の外では、これぞスウェーデンだと思わせるようなものである必要があ

る。(原注61)

デザインの大部分は価格にあわせて決まる。この観点から、デザイナーはとくに重要な役割を担っている。生産コストを下げることが何よりも優先されており、創意工夫を凝らして原材料を切りつめ、最後の一ミリまで使い切り、残り物も活用するといったことがおこなわれている。(原注62)

八〇センチ×一二〇センチの輸送用パレットもその一例である。このパレットには高さ一メートルまで荷物が積める。できるだけ多くの商品部材がこのスペースに収まるよう、デザイナーは工夫しなければならない。イケアの巨大な流通ネットワークを空っぽのパレットが大量に行き交うことがないよう、現在では細かく粉砕できる使い捨てのパレットが使用され、その素材も再利用されている。(原注63)

一九九〇年代以降、イケアの取扱商品は、定番商品と非定番の商品を含めておよそ一万アイテムの構成を基本としている。この体系は原則として変わらず、新しいものが加われば古いものが廃止され、全体の約二〇～二五パーセントが毎年入れ替わっている。ただし、アームチェア「ポエング（Poäng）」、本棚「ビリー」、収納ユニット「イーヴァル（Ivar）」など、何年にもわたって取り扱いが続いている定番品も多くある。これには、テキスタイルや照明器具よりも家具のほ

(15)　地域ごとの細かな違いについては、一二九三ページの原注（59）を参照。

うが長い期間にわたって使用されているといったことが関係している。(原注64)

取扱商品の体系には、家具や日用品からテキスタイルまで、あらゆるものが含まれている。この体系はマトリックスという用語で表現され、さまざまなスタイルに応じて区分されている。スタイルと価格帯による商品分類がはじめて登場したのは一九八〇年代で、段階的に導入されたのち、イケアの商品展開はすべてこの方式となった。(原注65) イケアが膨大な数に上る商品をうまく調整できているのは、この高度なシステムがあるからだが、美的観点から言えば、北欧モダニズムが一貫しているということもその理由であると言える。(原注66)

すべての商品は、スタイルと価格帯によって分類されている。高価格帯、中程度の価格帯、低価格帯、そして「サプライズ・アイテム」[六六ページ参照]だ。また、ベッドルーム、キッチン、リビングなど、機能別の区分もある。スタイルの名称や種類は年月を重ねるにつれて変化してきたが、基本的な構造は変わっていない。「トラディショナル」(かつては「カントリー」という名称だった)「インターナショナル・モダニズム」「スカンジナヴィアン・モダニズム」「ヤング」といったスタイルである。(原注67)(16)

スタイルグループは、付属するアクセサリーに応じてさらに区分されている。たとえば、明るい色のアクセサリーを組み合わせたり、暗い色のアクセサリーを組み合わせたりすることが可能だ。各デザイナーには、毎年決まった数の色を使うことが要請されるため、商品はスタイルグループごとに同質性を帯びるようになる。このスタイルグループの構成は、一律に決められているわけではない。(原注68)アイテム数もスタイルグループごとに異なり、少ないものもあれば、かなり多いものもある。

このようにスタイルを区分するのは、さまざまな趣味《テイスト》や好みに対応するためだ。また、ストアやカタログで商品をどのように提示するかも、こうした分類に応じて決められる。展示用のインテリアには多様なスタイルグループの商品が用いられるが、見た目に統一性をもたせるために、中心となるスタイルは一つに決められている。(原注69)こうすることで、全体が調和した感じになる。ソファとカーテンを同じスタイルでそろえたり、ランプとコーヒーテーブルを合わせたりするのだ。

各スタイルについての説明は定期的にマニュアルに掲載されるが、スタイル間の境界は明示されておらず、説明もわりと大雑把なものである。それゆえに、印象の異なる商品が同じグループに収められることもある。ただし、言葉の厳密な意味で言えば、どのスタイルグループもモダニズムのスタイル、とくに北欧モダニズムに重きを置いていることはまちがいない。

イケアは長年にわたって国際的に著名なデザイナーに仕事を依頼してきたが、カタログやスト

---

(16)　スタイルの変遷については、二九二ページの原注(67)を参照。

アではデザイナーの名前を明示してこなかった。(原注70) しかし、一九九〇年代半ば以降は、デザイナーの存在が以前よりも目立つようになっている。商品情報を記したラベルにはデザイナーの名前が掲載され、ストアやカタログでも写真付きで紹介されている。

さらに現在では、デザイナーがマーケティング戦略にも活用されている。最近は、誰がデザインしたものかということが商品の中身と同じくらい重視される傾向があり、これをふまえてイケアの方針も変化したということだろう。

また、「H＆M」などのブランドに倣ってイケアも有名なデザイナーとコラボレーションするようになったが、これもマーケティング戦略の一部と考えられる。有名なデザイナーと一緒に仕事をすれば、メディアがそれを記事にするからだ。(原注71)

マトリックスを用いて商品展開が調整されている一方で、スウェーデン色を鮮明に打ち出した特別コレクションも販売されている。これは他の通常商品とは区別される追加的なコレクションで、標準のシリーズとは系統が異なる。扱いが異なっているのは、スウェーデンのアイデンティティを強化するという戦略的意図があるためだ。(原注72) 社内では、「スカンジナヴィアン・コレクション」あるいは「トップ商品」と呼ばれている。特別コレクションのために作成された特別カタログでは、スウェーデンデザイン史における主要テーマと関連づけられて商品が紹介されている。

特別コレクションの一つが、「ちょっと大人の顧客」(原注73) をターゲットとする「ストックホルム・

コレクション」である。先述した「山小屋から宮殿まで」キャンペーンとほぼ同じ時期に、他よりも若干価格の高い家具シリーズとして発売され、のちに日用品も追加された（写真参照）。

このコレクションは、イケアを「家具業界のロビン・フッド」に見立てたイメージで販売されている。一部の裕福な人と同じくらい美しい住まいを、一般の人々に提供しています、というメッセージだ。手頃な価格を強調しつつ、詳しい製作過程、素材へのこだわり、品質の高さなどもアピールしている。(原注74)

ストックホルム・コレクションのパンフレットには、「より美しい日常生活」というタイトルが付けられている。先述したパウルソンのキャッチコピーをパラフレーズしたものである。(17) 商品のデザインは、カール・マルムステンやヨーセフ・フ

「ストックホルム・コレクション」のインテリア（インターイケアシステムズ・BV 社の許諾を得て掲載。© Inter IKEA Systems B.V.）カラー口絵参照。

ランク(18)といった著名なスウェーデン人デザイナーらの作品とよく似ている。パンフレットには、このシリーズがデザイン賞を受賞したことが書かれているが、そのデザインがどこからインスピレーションを得たのかは明記されていない。

「高いスキルをもつイケアのデザイナーが、全商品をオリジナルにデザインしました。(中略)でも、同じ品質の家具と比べて、価格は非常に安く抑えています(原注75)」

「オリジナルなデザイン」という表現は、イケアのデザインすべてが厳密な意味でのオリジナルではないことを、やや滑稽に物語っているが、他方、ルーツをはっきりと示した商品もある。一九九〇年代初頭に新たに加わった「グスタヴィアン・コレクシ

ベッド「スカットマンスエー」。「イケア18世紀コレクション」より。(インターイケアシステムズ・BV社の許諾を得て掲載。© Inter IKEA Systems B.V.)カラー口絵参照。

ヨン（Gustavian collection）」だ（写真参照）。

グスタヴィアン様式というのはスウェーデンの新古典主義の一派で、フランスのロココ様式よりも若干シンプルだ。このコレクションは、イケアと二つの政府機関（ストックホルムにある国立美術館、およびスウェーデン国立文化遺産保護委員会）のコラボレーションから生まれたものである。文化遺産保護委員会が文化的な価値の高いグスタヴィアン家具を保護するための資金援助をイケアに求め、イケアはそれに応じる代わりに、このコレクションからデザインを借用する許可と、国立美術館の専門家による援助を取り付けたのだ。(原注76)

その結果として生まれたのが、四〇種類余りの復刻版商品である。これらはオリジナルとほとんど同じ手法で、手間暇をかけて製作された。バーチ材、アルダー材、パイン材などの一枚板でつくられた商品は、木栓や膠《にかわ》を用いて組み立てられている。(原注77) 技術的に可能な部分には機械が用いられたが、装飾部分はすべて職人の手作業によるものだ。

こうしたアイテムは、オリジナル品のコピーであるとして「パスティシュ［模倣品］」と呼ば

---

(17)（Carl Malmsten, 1888～1972）スウェーデンのインテリア／家具デザイナー。伝統的でシンプルなデザインを手がけ、「スウェーデン家具の父」と称される。

(18)（Josef Frank, 1885～1967）オーストリア出身の家具／テキスタイルデザイナー。スウェーデンに移り住み、植物や鳥などをモチーフとする具象的なデザインを数多く生み出した。

れることもあったが、これらは元のデザインを借用しただけのものではないし、単なるイミテーションというわけでもない。むしろ、オリジナルに忠実な複製品である。すべての商品は文化遺産保護委員会のチェックを受け、公式の認証マークが付けられている。イケアはこのプロジェクトによって、少なくとも一部分では公的な文化政策への関与を果たしたと言える。

文化遺産保護にかかわる二つの政府機関がこのプロジェクトに参加していたという事実は、言うまでもなく、イケアにとって大きな意味をもっていた。グスタヴィアン・コレクションは他と同じく典型的なイケアの流儀に従って売り出されたが、そこには信頼性と正統性が加わっていた。そして、「庶民の家具」というキャッチコピーが付けられ、従来どおり、イケアが一般の人々の住まいをより美しくする、という物語も添えられた。

「この素晴らしい美と機能のコンビネーションを、ごく一部の人が独占していいのでしょうか。多くの人がこれを享受するべきなのです」(原注78)

この数年後にも、イケアはよく似たキャッチコピーを使用している。初めて「PSコレクション」を発表した際に、一九九五年のミラノサローネ(国際家具見本市)(19)で用いた「みんなのためのデザイン!(*Design for the people!*)」というキャッチコピーだ(写真参照)。格安な家具を売る店が、最先端の美学を引っさげて、デザイン界の最高峰に足を踏み入れたのであった。(原注79)

PSコレクションは、「デモクラティック・デザイン」というテーマで実施されたコンペを勝ち抜いた才能あふれる若手デザイナー一九人による、四〇余りの作品からなっていた。[原注80]「ＰＳ」とは、通常の取扱商品の「追伸（postscript）」にあたるコレクションという意味で付けられた名前だったが、実際には多くの人々が「スウェーデン製（Products of Sweden）」という意味で受け取った。[原注81]このコレクションがスウェーデンらしさを前面に打ち出すものであったことをふまえると、こうした誤解が生じたのも当然だろう。

カタログには、鏡のように穏やかな湖面、美しいカバノキの林の写真とともに、独特の自然観にもとづく（とされている）スウェーデンデザインの決まり文句が掲げられ、「社会的責任」

(19) 毎年四月にミラノで開催される、世界最大規模の国際家具見本市。ヨーロッパ中のメーカーやデザイナーが一堂に会し、最新のデザインが発表される。

ミラノでの展示会「デザイン・デモクラティコ」1995年。（インターイケアシステムズ・BV 社の許諾を得て掲載。© Inter IKEA Systems B.V.）

が基本原則であると説明された。お決まりのエッセイと並んでスウェーデンのデザイン史の概略が紹介され、よいデザインの商品を庶民向けに安価で提供するというビジョンが、スウェーデンでどのように現実のものとなったのかが語られた。

「スウェーデンデザイン、北欧デザインが広く知られるようになったのは、二〇世紀初めのことです。スウェーデンモデルという言葉は、十分な価値、機能性、高品質、そして幅広いアクセシビリティを指し示すものにもなりました。イケアの定番商品は、これを体現することを目指しています。それを補完するのがＰＳコレクションです（原注82）」

　ＰＳコレクションには複数のデザイナーが参加していたが、シンプルで飾り気のな

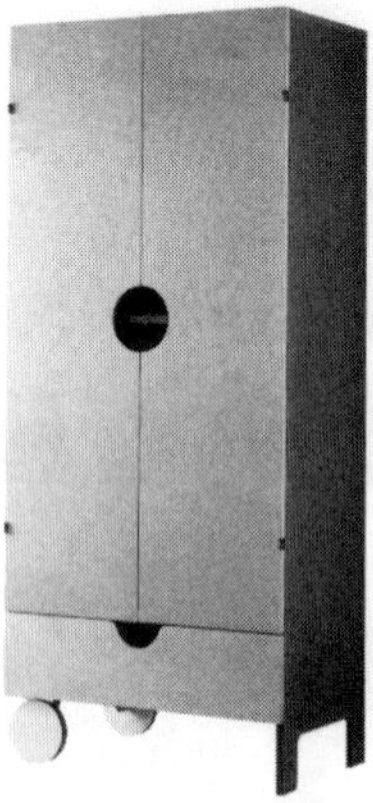

「ＰＳイケア スコープ」トーマス・サンデル、1995年。（インターイケアシステムズ・BV社の許諾を得て掲載。© Inter IKEA Systems B.V.）カラー口絵参照。

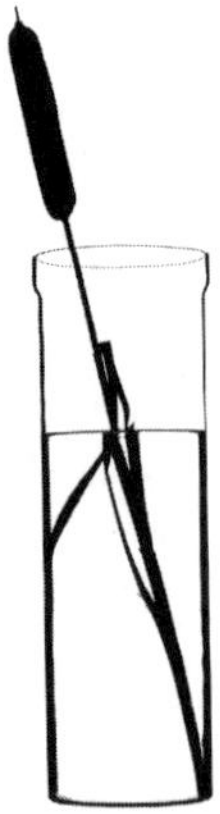

「PSイケア 花瓶」ピーア・ヴァレーン、1995年。（インターイケアシステムズ・BV社の許諾を得て掲載。© Inter IKEA Systems B.V.）

いスタイルという点では、実によく統一されていた。ある批評家は次のように述べている。「ミラノでもっともスウェーデン的だったのはイケアである。（中略）イケアには長らく盗用の疑いが向けられてきたが、ＰＳコレクションはそれを一蹴した」(原注83)

ＰＳコレクションは、一般には明らかにネオモダニズムであると評されたが、イケアがもともとモダニズムの美学とイデオロギーをはっきりともっていたことをふまえれば、それも無理からぬことであった(原注84)（二枚の写真参照）。他方、このコレクションを、モダニズムの断片を用いてポストモダンを模倣したものだと解釈している批評家もいる(原注85)。

国際市場におけるスウェーデンイメージ

イケアほど明確にスウェーデン・アイデンティティを掲げている企業は少ないが、スウェーデン発祥のブランドには共通の特徴がある。それは、福祉政策とシンプルで飾り気のないスタイルだ。そのようなブランドとしてもっとも有名なのは、「ボルボ」である。

「スウェーデン的クオリティを買おう――ボルボＰＶ４４４を買おう」（一九五六年）(原注86)というキャッチコピーから明らかなように、ボルボは一九五〇年代から、スウェーデン国内で自動車を生産していることを安全性と高品質の保証としてフル活用していた。この後、ボルボは徐々にスウェーデン色を前面に出さなくなっていったが、一九九〇年代にはナショナル・アイデンティティを回復したようで、スウェーデンらしさを再びアピールするようになっている（原注87）（20）。

ボルボの部品には外国で生産されているものもあるが、そうした事実はここではさして問題ではない。イケアと同じくボルボも、福祉、社会的関心、安全性、そして品質を強調している。「スウェーデンがケアの行き届いた福祉社会であるならば、ボルボ以上に安全性をケアしている車はありません。スウェーデンの企業が、あえて安全でない製品をつくることなどありえないのです」（原注88）

ボルボがリニューアルされた際、その責任者となったのはイギリス人デザイナーであった。「スウェーデンデザイン」には、必ずしもスウェーデン人デザイナーは必要ではない。スウェーデン的なデザインの特徴は、スウェーデン人でなくてもつくり出すことができるのだ（原注89）。

ボルボがスウェーデン車であることを明確に打ち出すようになったのと同じ時期に、スカンジナビア航空（SAS）もまた北欧的なものの真髄を表現しようとしていた（原注90）。名刺からパッケージング、ウェブデザインに至るまで、すべてを簡素なグラフィックデザインで統一し、「スカンジナヴィアン」というシンプルな文字フォントも創作され（左図参照）、北欧らしさを表現する多くのモチーフが考案された（原注91）。

飛行機という近代的な輸送手段は、自然的なものとは言い難い。どちらかと言うと、空の旅は環境にとって脅威そのものだ。だがSASは、自らを表現するシンボルとして「自然」を選んだ。メニューや荷物タグには自然を描いた写真が配され、「荷物はポエムに似ています。価値があるのは中身です」といった大げさな言葉が添えられた。(原注92)

見た目を北欧的にするだけでは足りず、客室乗務員も「北欧的」に振る舞うように訓練された。SASによれば、率直でシンプル、気取りがないのが北欧的なのだそうだ。乗客に呼びかける際には、かしこまった呼称を使わず、親しみを込めて「You」と呼ぶ。スタッフは感じがよくてサービス精神にあふれているが、従属的な態度はとらない。(原注93)

「アブソリュート・ウォッカ」(21)も、スウェーデン発祥であることを強調

(20)　この経緯については、二九〇ページの原注(87)を参照。

フォント「スカンジナヴィアン」(ストックホルム・デザイン・ラボ。© Stockholm Design Lab)

しているブランドの一つで、発売元のV&S社は、ブランド構築のストーリーを巧妙につくりあげた企業の一つと目されている。アブソリュート・ウォッカは一九七九年に発売されたが、成功を導いたのはボトルの中身（アルコールと水）ではない。重要な役割を演じたのはボトルそのものであった。この容器は、他のウォッカのボトルとは大きく異なり、古い薬瓶をベースにしている。シンプルな形状をした無色のガラス瓶は、流行のスウェーデンデザインを想起させるものだ。(原注94)

各ボトルには「カントリー・オブ・スウェーデン」という文字がデザインされ、このウォッカが南スウェーデン産の小麦を使って蒸留されたものであることが記されている。もちろん、国名を明記したことが成功の鍵だったわけではない。華々しい広告キャンペーン、豪華で高級で奇抜な商品、流行を捉えたデザインやアートが成功を導いたのだ。

正統な継承者

カンプラードは『家具販売業者のテスタメント』を書いていたころから、商品ラインナップにはイケアのアイデンティティを反映させるべきであること、スウェーデンらしさが伝わるようなものにすべきことを主張していた。一九七〇年代の商品ラインナップは、パイン材の家具、若い感性、型にはまらないタッチが特徴であった。(原注95) やがて、スタイル区分や特徴的なコレクションが登場し、イケアの商品展開はナショナル・アイデンティティを明確に映し出すものとなった。そこには、社会に積極的に働きかけてきたスウェーデンデザインの歴史も反映されている。

それをわかりやすく示しているのが、『みんなのためのデザイン（*Design for the People*）』（一九九九年）と題されたカタログである。このカタログでは、取扱商品の一部、とりわけ先述した三つの「スカンジナヴィアン・コレクション」に焦点が当てられている。

イケアの商品が他社の高級品とさほど変わらないことをアピールしていた一九八〇年代と比べると、このカタログのトーンはずいぶん異なっている。今やイケアは、歴史的な栄光を手に入れた。イケアの商品はもはや、高級な家具の類似品などではない。様式美を体現するもの、公的な後ろ盾を得た政策の一部、出版物のテーマ、有名なデザイナーの名前を付したものなのである。

イケアの商品は安物のイミテーションである、というイメージは消え去った。今やイケアは、スウェーデン文化の継承者である。イケアは、二〇世紀の理想と美の理念を教育的な手法で提示し、自分たちがその理想や美の理念を解釈し実現してきたのだと主張している。肯定的に価値づけられた社会像を自らと結び付け、それを企業文化に取り込んでいるのである。

（21）（Absolut Vodka）スウェーデンの酒類製造販売会社（元国営）V&S社が販売しているウォッカのブランド。

「美しい日用品の探求は続きました。やがて、イケアがそれを引き受けたのです(原注96)」

だが、イケア商品のデザインは、実際どの程度「スウェーデン的」なのだろうか。「ビリー」は本棚の世界的ベストセラーだと言われているが、だからといって、世界が「スウェーデン化」しているとは言えない。あるいは、個性の欠如、美的感覚のグローバル化、統制化と言ったほうがいいのかもしれない。

低価格を実現するには大量生産が必要だ。商品は、クラクフでも、パリでも、リヤドでも、ロサンゼルスでも通用するものでなくてはならない。世界中のイケアストアで同じ商品を売らねばならない。このことによって、必然的に美の表現は制限されてしまう（写真参照）。

広告「ニューヨークがフラットパックに」。ニューヨーク市最初のイケアストア、2008年。（インターイケアシステムズ・BV社の許諾を得て掲載。© Inter IKEA Systems B.V.）カバー裏の写真参照。

その実例は、イケアのポスターをはじめとするビジュアルイメージに表れている。一九七〇年代から一九八〇年代にかけて、イケアはピエト・モンドリアン(22)のような画家の有名作品の複製ポスターを販売しており、ストア内にもそれらが飾られていた。(原注97)だが、数年後にはまったく違うタイプの絵画に代えられ、複製の権利は大手の画商から購入されるようになった。

作品の選定と仕入れにはいくつかの基準がある。イケアの絵画フレームとの相性のよさ、他の商品との調和、世界中で通用することなどだ。性的、宗教的、政治的なトラブルを引き起こす可能性のあるものは除外され、最終的には、メッセージ性を欠いた作品のみが残る。言ってみれば、当たり障りのないＢＧＭのようなものだ。(原注98)客は商品を選ぶことによって、自らのアイデンティティを表現できるとイケアは言っている。もしそうであるなら、そのアイデンティティには表現力が不足しているにちがいない。

イケアブランドは、古典的なマーカーを用いて、典型的なスウェーデンらしさを定義してきた。そのマーカーは、国際的に見ればエキゾチックだ。田園風景、緑の自然、白く縁取りされた赤いコテージ、そして社会的経済的な平等をもたらす福祉制度。これらが見事に統合されて、肯定的に価値づけられたイメージをつくり出している。イケアはそれを意図的に利用してブランドと結

(22)（Piet Mondrian, 1872～1944）オランダ出身の画家。直線のみを用いた抽象画の作品群で知られる。

び付けながら、商業目的にもうまく適合させている。

さらに、イケアの物語には、より近代的な新しいスウェーデンらしさも投影されている。二一世紀に入ってから、イケアは社内においても社外に対しても多様性を追求するようになった。「多様性、万歳」(原注99)(カラー口絵参照)というキャンペーンや、社内プロジェクト「多様性計画」などはその表れである。

イケアの広告には同性愛者がよく登場するし、ゲイカップルを主役にしたキャンペーンもいくつか実施されてきた。あるパンフレットでは、多くのスウェーデン人が外国にルーツをもっていること、イケアはセクシュアリティに関係なくすべての人を歓迎することが強調されている。このメッセージに添えられた写真には、ピンクのアイシングで飾られたウエディングケーキと、二人の男性が抱き合う姿が写っている。

「私たちはあらゆることを信じます(あるいは何も信じません)」という見出しを付けたものもある。スウェーデンに移民してきた人々が多様な信仰をもっていることを意識したものだ。さまざまな性、年齢、肌の色、髪の色をもつ人々のモザイク写真によって、多様性や差異に対するイケアの態度が表現されている。

イケアストアでは、誰もがニーズを満たし、夢を叶えることができる、とイケアは言っている。九五三七種類もの商品のなかから、好みのものを選ぶことができるからだそうだ。(原注100)

第４章 スウェーデンのブランド戦略

『スウェーデン――オープンスカイ、オープンマインド（*Sweden—Open Skies, Open Minds*）』（二〇〇七年）という映画は、美しい田園風景と近代産業、文化遺産が完璧に調和する、北欧の満ち足りた国を描いた作品だ（次ページの上段参照）。多島海の断崖をめぐるドライブ、楽しそうに遊ぶ子どもたち、放牧中の牛、トウモロコシ畑、田舎の邸宅を映した場面が、ナイトクラブ、ファッションショー、医薬品工場の場面と交錯しながら映し出される。青い目をしたブロンドの間を浅黒い肌の人々が急ぎ足で通り過ぎる場面もあるが、これは偏見がないことを示すためのアリバイのようでもある。スウェーデンは、多様性と寛容の国なのだ。(原注1)

これはスウェーデンのイメージを宣伝するための公式映画で、スウェーデン文化交流協会から委託を受けた広告代理店が製作した。スウェーデン文化交流協会とは、外国におけるスウェーデンのイメージをモニターし、改善を図ることを任務とする政府機関である。(原注2)

『スウェーデン――オープンスカイ、オープンマインド』は、ジャンルで言えば広告映画で、国家のブランド戦略の一形態と言ってよい。社会問題を浮き彫りにしたり、複雑なことをわかりやすく示したりすることを目指すものではなく、力強く魅力的な国家イメージをつくりあげ、それ

スウェーデンイメージを宣伝する公式映画『スウェーデン—オープンスカイ、オープンマインド（*Sweden—Open Skies, Open Minds*）』。広告代理店ブリットンブリットン社による製作。（© BrittonBritton, Stockholm）

「スウェディッシュ」（*Our Way. The Brand Values Behind the IKEA Concept* より。インターイケアシステムズ・BV 社の許諾を得て掲載。© Inter IKEA Systems B.V.）カラー口絵参照。

をグローバル市場に売り込もうとするものだ。自らの外見をより魅力的に見せることで、競争力を高めることを狙っている。

自国の評判を高めるために各国は昔からさまざまな方法を試してきたが、この数十年間はマーケティングの領域から用語やツールを借用することが増えている。本章では、スウェーデンの国家ブランド戦略におけるイケアの重要性を見ることによって、スウェーデンがいかにイケアを利用してきたかを検討してみたい。

イケアはこれまで、スウェーデン社会に対する安定した評価の恩恵を受けながら、青と黄色の旗を掲げて家具・インテリア用品を販売してきた（右ページ下段の写真）。だが、二一世紀に入った現在では、両者の役割は入れ替わっているようにも思われる。

イケアの商品はすでにスウェーデン国内では生産されておらず、イケアコンセプトを所有しているのはオランダの法人であるが、こうした事実はここではさほど重要ではない。イケアは、「スウェーデン」という国家ブランドにとって重要な役割を果たしているのである。スウェーデン文化交流協会は次のように述べている。

「率直に言って、スウェーデンのイメージを広めることに関しては、政府がしてきた努力すべてを足しても及ばないくらい多くのことをイケアはおこなっているのです」（原注3）

国家のブランド戦略

二〇世紀末の時点では、グローバル化が進展するにつれて国家はその基盤を失っていくだろうと一般的に考えられていた。しかし、事態は異なる方向に進んでいる。国民国家を揺るがす脅威によって、文化的バックラッシュとでもいうべきものが引き起こされているかのようだ。矛盾しているように見えるかもしれないが、グローバル化とナショナリズムは必ずしも共存不可能ではないし、ナショナリズムの現れ方も時代とともに変化している。

この数十年間、さまざまな国が、多かれ少なかれ戦略的に、自らを国家として市場に売り込んできた。そこで重視されてきたのが自国の商業ブランドである。このことを指摘したのは、ピーター・ヴァン・ハム［Peter van Ham, 1963〜］の著名な論文「ブランド国家の台頭」（二〇〇一年）である。

「携帯電話のノキアがフィンランドにとっての外交使節であるように、マイクロソフト社とマクドナルドは、多くの意味において最も目立つアメリカの外交使節である。（中略）国が外国からの直接投資を呼び込み、ベスト・アンド・ブライテスト（優秀な人材）を魅了し、政治的な影響力を形づくるには、強いブランドイメージを持つことが極めて重要になってきている」（原注4）

これに先立つ一九九六年には、政策アドバイザーのサイモン・アンホルト［Simon Anholt］が、ブランドとしての国家の強さを測定する方法を考案していた。さまざまな国に住む数千人の人々に、他国をどのように見ているかを尋ね、その結果によってブランドとしての国家の地位を価値づけるという方法である。

言うまでもないが、国家ブランドとは、私たちが通常理解しているような意味での「商品」ではないし、ある国でどのような商品が生産されているかということでもない。その国がどのように受け止められているかということを指している。

たとえば、多くのヨーロッパ人にとって休暇を過ごすならフランスかイタリアで、ラトビアは好まれない。ラトビアにも砂浜のビーチや文化遺産はあるが、休暇を過ごすのに適した場所であるとは認識されていないのだ。さらにラトビアは、旧東側諸国であることによって、いまだに低い地位に置かれている。つまり、観光客を引き寄せようとするならば、さらなるマーケティングが必要だということだ。

国家のブランド戦略の基盤には、国家は単に政治的目標を掲げているだけではだめで、一つのブランドとして責任を負わねばならないという考え方がある。国が何らかの意味を伝える存在であること、何らかの重要性を背負っているということがポイントだ。変数は数えきれないほどあるが、プラスの要素としては、有名人やよく知られた観光名所などが挙げられる。（原注5）

端的に言って、国を売り込むということは通常の広告と同じである。魅力的なイメージや物語をつくりあげ、それを広めればよい。目的は、ビジネスセクターを支援し、成長を促すことにある。観光客、投資家、高度な専門性をもつ人材、取引相手を惹き付けるのだ。新作の口紅やスポーツシューズの新ラインを売り出すのと同じように、国家を売り出すのである。

これは都市や地域においても同様で、最近では「都市のブランド化」や「場所のブランド化」もはじまっている。とはいっても、地域がキャッチコピーを掲げて観光客や投資家を呼び込むといったことには数十年ほどの歴史がある。その例としてよく知られているのが、一九七〇年代半ばにニューヨークの評判が悪化したときの対応である。

当時、犯罪の増加と排ガスによる汚染のために、人々の足はニューヨークから遠のいていた。失った栄光を取り戻すために州当局が一九七七年に開始したのが、大成功を収めた「アイ・ラブ・ニューヨーク」キャンペーンであった(原注6)(1)。

スウェーデンの首都ストックホルムもブランド化を進めてきた。ストックホルム市は「スカンジナヴィアの首都」というキャッチコピーを掲げ、アーランダ国際空港の到着ホールに「ストックホルムの殿堂」と題したパネルを展示している。著名なスウェーデン人の写真をずらりと並べたものだ。もちろんこれは、きわめて意図的な戦略のもとでおこなわれている。この空港は、到着客がスウェーデンと出会う最初の場所だ。だからこそ、人々がここで何を想起するかが重要な

のである。(原注7)

国家のブランド戦略は、ジョセフ・ナイ［六ページ参照］が「ソフト・パワー」と呼ぶものの一部であると言ってよいだろう。ハード・パワーは昔ながらの軍事力や経済力を意味するが、「ソフト・パワー」はそれとは異なり、人々を魅了したり、共感を得たり、好ましいと思わせたりする力を指している。そこで用いられるのが、デザイン、魅力的な物語、文化などである。ナイによれば、国際政治においては、ソフト・パワーとハード・パワーをどのようにうまく組み合わせるかが重要である。ヨーロッパにおけるアメリカの戦後政策を考えてみるとわかりやすい。(原注8)この観点から見れば、マーシャル・プラン(2)はソフト・パワーの一形態であったと言える。援助金はヨーロッパ復興のために使われたが、そこにはヨーロッパ人に民主主義と市場経済の優位性を納得させるという目論見もあった。

また、アメリカは展示会や映画のスポンサーになったり、ウルム造形大学(3)のようなデザインスクールの中核を担った。一九六八年に閉校。

(1)　このキャンペーンでは、ミルトン・グレイザーがグラフィックデザインを担当した。一一一ページの注（1）を参照。

(2)　(Marshall Plan)　第二次世界大戦後にアメリカが実施したヨーロッパ経済復興援助計画。

(3)　(Hochschule für Gestaltung Ulm)　一九五三年に当時の西ドイツ・ウルム市に設立され、ドイツにおけるデザイン教育の中核を担った。一九六八年に閉校。

クールに多額の資金援助をおこなったりしている。その結果、ヨーロッパにアメリカ文化の波が流れ込むことになった。東西冷戦は核兵器、武力競争、月面着陸をめぐる争いであったと言われるが、消費主義、カルチャー、魅力的な日用品も、同じくらい重要な争点だったのである（原注9）。

ブランド力の向上に意欲的に取り組んだ国としては、スペインも特筆すべき例である。一九七〇年代半ばまでのスペインは、ヨーロッパの貧しい片田舎だった。ファシズム、フランコ独裁、弾圧といった歴史を抱える国でもあるが、このイメージはごく短期間のうちに見事に転換を果たした。

その重要なステップとなったのは、一九八二年の観光キャンペーンのシンボルとして画家ジョアン・ミロ（4）が描いた、陽気で明るい太陽の絵である。スペインは軍事政権や独裁者のイメージから脱却し、陽の降り注ぐビーチの国、芸術の国、リオハ産ワインの国となることを目指したわけである（原注10）。

もう一つ、わかりやすい例を挙げよう。イギリス労働党による英国ブランドの再生の試みである。一九九〇年代半ばまで、外国から見たイギリスのイメージは、王室、バタースコーン、ガーデニング、執事、オックスフォード大学といったところで、昔ながらのアイデンティティはすっかり埃をかぶっていた。

イギリスは、保守的な国、伝統に縛られた国というイメージから脱却し、活気にあふれるクリエイティブな国であることを世界に発信したいと願っていた。そこで「国家広報戦略」が掲げられ、入念に準備されたマーケティングマシンが一斉に始動したのである。「クール・ブリタニア」と名付けられたこのプロジェクトでは、デザイン、ファッション、アートが戦略的なツールとして大いに活用された。(原注11)ただし、伝統的な製造業や輸出産業を犠牲にして若者向けの流行のセクターが優先されたことに対しては、厳しい批判もある。(原注12)

国家のブランド戦略には賛否両論があり、多くの議論が引き起こされてきた。一部の研究者は、マーケティング活動が果たす役割を過大評価しないように注意を促している。(原注13)たとえば、スペインの成功は、政治経済の抜本的な改革によるものだと説明することも可能だ。また、貧困国や紛争状態(原注14)にある国を市場化することは可能か、あるいはそれが賢明なことであるかどうかを問う批評家もいる。

一方、自分たちはどういった人々であるのか、自分たちを一つの民族ないし一つの国民として規定するものは何なのか、といったことに関するステレオタイプな観念に悩まされることも多い。さらに、これまでの歴史をふまえれば、国家がブランドを構築するという試みは、プロパガンダであるとか、ネガティブなイメージを取り繕っているだけだと解釈することも可能である。

(4)　(Joan Miró i Ferrà, 1893～1983) カタルーニャ地方出身の画家。原色を多く用いた自由奔放な画風で知られる。

現在見られるような国家のマーケティングが、主義主張や宗教的観念を広めようとするものでないことは確かだが、かつては、独裁者や専制的リーダーが自分たちのメッセージを効果的に伝えるために、マーケティング戦略や視覚的な物語を積極的に利用したこともあった。

このことは、アメリカのデザイン評論家スティーブン・ヘラー［Steven Heller, 1950～］が著書『圧制――二〇世紀全体主義国家のブランド戦略』（二〇〇八年）で示している見解と合致する。この本では、ソビエト連邦、中華人民共和国、ムッソリーニ時代のイタリア、ナチス時代のドイツにおいて、独裁者が自らの政策を示す際に、いかにデザインの力を借りていたか、いかに物語を活用していたかが明らかにされている。

このタイトルからは、ビジネス戦略と国家政策との類似性が垣間見える。こうした比喩はこじつけのように思えなくもないが、政治的信条を植え付けようとする際にも、商品の売り上げ向上を目指す際にも、視覚的な演出や振付は不可欠である。ヘラーによれば、商品を売ることと思想信条を広めることの間には、たいした違いはない。(原注15)

たとえばヒトラーは、一九一〇年代にペーター・ベーレンス(5)がドイツの電機メーカーAEG社のために手がけたデザインに影響を受けていた。グラフィックデザインや工業商品、工場建築を手がけたベーレンスに倣い、フォントやシンボルマーク、旗といったものに気を配り、慎重に考え抜かれたマニュアルをつくっていたという。

ヒトラーにかぎらず、ムッソリーニ［Benito Mussolini, 1883〜1945］、毛沢東［一八九三〜一九七六］、スターリン［Иосиф Виссарионович Сталин, 1878〜1953］らも、自身が一種のロゴタイプのようなものとして機能していた。それぞれに要素やイメージは異なるが、ブランド構築のプロセスは共通していたとヘラーは述べている。

都市や地域のマーケティングに関しても同様の批判がある。地理学者デヴィッド・ハーヴェイ［David Harvey, 1935〜］は、一九八〇年代に「都市統治における企業家主義」という造語を生み出した。簡単に言えば、都市の統治に関与している人々が自らをビジネスマンであるかのように見なし、都市の競争力を生み出すことが自分たちの仕事だと考えている状態を指す。

ハーヴェイによれば、都市が企業家主義的になると、資源の再分配や福祉サービスよりもビジネス環境の改善や投資の誘致が優先されるようになる。ハーヴェイが拠点としていたボルチモア市は、かつて主力であった製造業が衰退し、一九八〇年代には活気ある観光都市へと変貌を遂げつつあったが、観光名所とされた地区に何千人もの観光客が押し寄せる一方で、その他の地区は貧困層が集まるスラムとなり、社会的な分断が生じていた（原注16）。

国家のブランド戦略に対しては批判もあるが、世界中のすべての国が、多かれ少なかれ意図的

（5）（Peter Behrens, 1868〜1940）ドイツの建築家、デザイナー。工業建築の発展に多大な影響を与えた。

に自国のマーケティングに取り組んでいるのが現状である。(原注17) 一般的に、これは一度はじまると、よほどのことがないかぎりは終わらないと言われている。ブランド戦略を導入したからといって、ネガティブな印象がすぐに根絶できるわけではない。ある国にどのようなイメージを抱くかといったことは、深く根付いた観念にもとづいており、それは容易には変わらないからだ。

スウェーデンの国家ブランド

イギリスのニューレイバー(6)とトニー・ブレア(7)の戦術が、スウェーデンの政治家にも影響を与えたことはまちがいない。元大臣のレイフ・パグロツキー［Leif Pagrotsky, 1951～］がサングラス姿で、当時国際的に有名だったロックバンド「カーディガンズ(8)」と一緒にいるところを目撃されたのは、わりと最近のことである。

彼の執務室には、最新のスウェーデンデザインの家具が置かれていた。ビジネス界におけるデザインの重要性に注目していた政治家は何人かいるが、パグロツキーもその一人で、デザインを活用することによって人を惹き付ける魅力的なスウェーデンイメージをつくり出すことを主張していた。(原注18)

国家ブランドを構築しようという試みは、二一世紀に入り、スウェーデン文化交流協会が他の機関との協働を主導するようになってから加速した。(原注19) スウェーデンは長きにわたって高い評価を享受してきたが、これについては、情報伝達者としてのメディアがきわめて大きな役割を果たしている。

一九九八年に、イギリスのライフスタイル雑誌〈ウォールペーパー〉が、スウェーデンを「世界デザイン首都」に選定した。スウェーデンブランドのプロモーションという点では、政府がおこなったマーケティングの取り組みよりも、編集者タイラー・ブリュレ［Tyler Brûlé, 1968〜］のストックホルムに対する愛情のほうが効果的であったと言われている。その二年後には、〈ニューズウィーク〉誌が表紙と特集でストックホルムとスウェーデンを取り上げ、情報化社会の最前線として紹介した。これにも同じくらいの効果があった。(原注20)

スウェーデンは、二〇〇五年、アンホルトによる国家ブランド指数ランキングで第一位を獲得している。これについては、世界が不安定さを増すなかで安全と秩序が重視されるようになり、

（6）一九八〇年代末から中産階級への支持拡大を目指していた労働党内のグループが一九九〇年代後半に主導権を確立し、自らを「新しい労働党（ニューレイバー）」と称するようになった。

（7）（Tony Blair, 1953〜）イギリス労働党の政治家。一九九七年から二〇〇七年まで首相を務めた。

（8）（The Cardigans）一九九〇年代に人気を博したスウェディッシュ・ポップを代表するバンド。

それがランキングに反映されたのではないかと考えられている。(原注21) この調査に協力した人々が、実際にどの程度スウェーデンについて知っていたのかは定かでない。スウェーデンの政治家の名前を一人でも知っていたかどうか、スウェーデンが世界地図上のどこにあるかを知っていたかどうかさえ疑わしい。

スウェーデンに対する見方が肯定的なものであったのは、スウェーデンについて何か具体的なことを知っていたからではなく、スウェーデンに関する何らかのイメージが深く根付いていたからなのではないだろうか。(原注22)

政府はランキング上位を維持することを目指し、広告代理店と広報コンサルタントをチームに加え、二〇〇七年に「スウェーデンブランド」を立ち上げた。ブランドのコアバリューとして「イノベーティブ」「オープン」「オーセンティック」「ケアリング」を掲げ、この四つを集約するものとして「プログレッシブ」という価値観が打ち出された。(原注23)

「オープン」は、「思想の自由、人々と文化とライフスタイルの多様性」を意味している。(原注24) 具体的な例として、オープンな政治、オープンな司法制度が挙げられる。これは、公文書を閲覧する権利、裁判や政治討論を傍聴する権利などがすべての人に保障されていることを指す。

「オーセンティック」とは、「ナチュラルで気取りのないこと。信頼、率直さ、形式張らないこと。シンプルで明解であること」である。(原注25) これについては、すべてのスウェーデン人は「北欧のとっ

ておきの大自然」を身近なものとして生活している、という見解が示されている。(原注26)

「ケアリング」については次のように説明されている。

「思慮深さとは、すべての個人に配慮することです。安心と安全は重要ですが、すべての人への敬意と包摂も同じように重要です。人々と自然から学ぼうとする姿勢、他者のニーズを満たし共感しようとする姿勢(原注27)」

「イノベーティブ」は、物事に新しい角度から光を当てる能力を意味する。

「スウェーデンには、独自のデザイン、ファッション、ポピュラー文化があります。さらに、モダンで調和的なライフスタイル、流行を汲み取る感性、世界トップレベルの研究もあります(原注28)」

スウェーデン政府のウェブサイト（「スウェーデンへの公式ゲートウェイ」とされている）では、見渡すかぎりの湖と森、幸せそうな子どもたち、微笑む高齢者たちなどを写した多数の写真がスウェーデンイメージとして発信されている。スウェーデン人は自然を愛する人々です、というお決まりの文章に加えて、スウェーデンは近代的な国であり、観光客にとっても投資家にとってもパラダイスであると謳われている。(原注29)

スウェーデン的な価値観、スウェーデン的なライフスタイル、スウェーデン的な考え方が、市場で売りに出されている。ブランド構築プロジェクトとは、単一民族社会というフィクション、「われわれ国民」というフィクションを守り続けることなのだろうか。

これまで述べてきたように、スウェーデンの国家ブランドの構築にあたって、デザインは魅力的なイメージを演出するための重要なツールとされてきた。だが、どんなデザインでもよかったわけではない。

「装飾ではなく機能性。これが、典型的なスウェーデンデザインの信条とされる枠組みです」(原注30)

スウェーデン政府は二〇〇五年に企業庁(原注31)が中心となって「デザイン・イヤー」を宣言し、「純粋かつ慎重に配慮された革新的なフォルム」がスウェーデンデザインの成功をもたらした、と誇らしげに語った。

特定のスタイルが国を挙げて支持されていると考えるのは、あまりに時代遅れである。しかし、スウェーデンブランドが立ち上げられた際、スウェーデンを表現するのにもっとも適したものとして、無駄のなさや機能性と並んで「ブロンド」が挙げられていたことを考えると、昔ながらの考え方は、実際のところはっきりと残っていたようだ。

スウェーデンの国家ブランドとイケアブランドには、明らかに共通する特徴がある。両ブランドは連帯意識、安心感、平等といった価値を中心に置いており、さらに両ブランドとも軽やかで装飾のないデザインを重視している。また、スウェーデンデザインをめぐるイメージと物語も一致している。スウェーデンブランドのプロモーションにかかわる省庁が、イケアを勝敗の鍵を握るプレーヤーと見なしているのは少しも不思議なことではない。

イケアの役割

国家ブランドにとってのイケアの重要性について、スウェーデン文化交流協会の見解は明確だ。「イケアを訪問することは、スウェーデンを訪問することと同じです。スウェーデンが公式に定めているブランドプラットフォームは、イケアにも実によく当てはまるのです。スウェーデン。イケアは企業の社会的責任に関しては先駆者であり、従業員の労働環境と満足度を重視しています。スウェーデンブランドのプラットフォームと同じ言葉で、イケアブランドを表現することもできるかもしれません(原注32)」

重視するポイントが似ていることもあって、イケアは一種の同盟国のように認識されている。「両者はお互いさまなのです。スウェーデンは、イケアのマーケティング手法から利益を得ています。他方でイケアは、スウェーデンのイメージを使って実に多くの利益を得てきました。スウェーデンのバックグラウンドがあるからこそ、イケアはイケアたりえているのです(原注33)」

イケアについてのスウェーデンの公式見解ははっきりしている。スウェーデンブランドのプロモーションにビジネス界がいかに貢献しているかを語る際、まず名前が挙がるのはイケアだ。二〇一一年の政府レポートは、結論として次のように述べている。

「イケアやボルボといったメジャーなスウェーデン企業は、長きにわたり、スウェーデン発祥であることをマーケティングに活用してきた。莫大な資源を費やして、スウェーデンというブランドを宣伝してきたのである。その結果、スウェーデンと言えばこれらの会社が想起されるほどになった（実際は、ボルボは一〇年前からスウェーデンの会社ではなくなっているのだが）。これらの会社は、マーケティングを通じてスウェーデンのイメージをつくりあげてくれた。その価値は計り知れない（原注34）」

こうしたレトリックにも、広告代理店が一枚かんでいるのかもしれない。スウェーデンは、「共同ブランディング」あるいは「ブランド提携」と呼ばれる手法を用いて、すでに成功している他のブランドをフル活用しようとしている。二〇〇四年の政府レポートでは、いくつかのブランドと提携することが推奨されている。

「国際市場で活躍している主要なスウェーデン企業とブランド提携をおこなったり、共同で企画を立ち上げたりすることにより、当局側のマーケティングおよびブランド構築にとっては、わずかな費用で多くの効果が得られる。ある地域でイケアストアが新しく開店すれば、スウェーデンを宣伝する機会が自ずとつくられるのである（原注35）」

人々のスウェーデン観に、イケアはどの程度の影響を与えているのだろうか。それを計るのには複雑な作業が必要となる。イケアは世界中の多くの国でよく知られているが、実際の受け止められ方は一様ではなく、各国の文化や社会、経済の状況に応じて異なっている。多くの人々は、イケアの商品名や食べ物をエキゾチックだと思っているはずだ。イケアを低価格店の典型だと見なしている国もあり、デザイン面での先進性に注目している国もある。

他方、スウェーデンの在外大使館は、当該国におけるイケアの役割をどのように考えているのだろうか。大使館や領事館はスウェーデンの文字どおりの代理人であり、スウェーデンブランドを宣伝するための活動やプロジェクト、共同事業などを、業務の一部として実施している。

二〇一〇年、スウェーデンの大使館および領事館に対して、国家のブランド力を向上させるための企画書を提出するよう要請があった。企画書には、当該国におけるスウェーデンイメージの紹介と概要説明が書き込まれ、実施可能なプロジェクトのアイデアリストや、ビジネスパートナーとの共同企画の希望なども盛り込まれた。八〇を超える企画書を見ると、ほとんどの大使館がイケアをスウェーデンの顔であると見なしていること、イケアをとくに重要な位置に置いていることがはっきりとわかる。

スウェーデンやスウェーデン人に対する見方は、もちろん国によってさまざまだが、一般的に肯定的なイメージがもたれている。多くの場合、そのイメージは社会福祉、公正、平等といった概念と結び付いている。それがよく表れているのがロシアからのレポートだ。

「スウェーデンという国から連想されるのは、誠実さ、高品質、第三の道を行くよい社会（『第三の道』とは、社会主義でも資本主義でもない社会を指す）、近代性、中立性、そしておそらく、ある程度の親近感もある(原注36)」

リスボンから寄せられた反応も肯定的なものである。

「スウェーデンには、社会的に公正で、経済が十分に発展し、環境への配慮が行き届いた、豊かな国というイメージがある(原注37)」

多くの国のスウェーデン大使館は、イケアをリーディング・カンパニーとして重視している。イケアが出店している国では、ほぼ必ずと言っていいほど、イケアはスウェーデンのよき代表者、有益なパートナーと見なされている。

シンガポールのスウェーデン大使館は、「ビジネス界では、イケアがスウェーデン代表としての責任を負わねばならないことが多い(原注38)」と述べている。アイスランドでも、イケアは「目に見える存在感という点では最重要(原注39)」だと言い、ギリシャ大使館は「現時点で、青と黄色のイケアストアは四店舗ある。（中略）スウェーデンをよく宣伝してくれている(原注40)」と書いている。また、イスラエルからのレポートにもイケアストアへの言及がある。

「肯定的な面としては、スウェーデンの商品（ボルボ、イケア、H&Mなど）は品質がよいと見なされている(原注41)」

イケアがまだ進出していない国でも、今後の出店が見込まれている場合は大使館スタッフがそのことに言及している。タイ大使館のレポートには、「二〇一一年一一月三日にタイ初のイケアストアがオープンすることになっている。これによって、スウェーデンブランドをより幅広く活用できるようになる」(原注42)と書かれている。またヨルダン大使館は、「ヨルダンの人々から、イケアがヨルダンに出店する予定はあるのかと頻繁に尋ねられる」(原注43)と述べている。そしてベオグラードでも、現在計画中のイケアストアへの関心は高い。大使館はイケアと協力体制を築いており、四〇〇万～五〇〇万クローナの資金提供を受けるなどしている。(原注44)

一般的に、イケアに対するまなざしは、スウェーデンの肯定的なイメージに即したものとなっている（次ページの図参照）。イケアは、スウェーデンが目指す価値観を体現している。それゆえに、スウェーデンが自国のイメージを定着させようとする際にイケアが果たす役割が重視されるのである。

国民性を打ち出しているブランドが本国のイメージとして一定の機能を果たすのは、至極当然のことだ。こうしたブランドは公式に国を代表しているわけではないが、非公式にはそのように作用している。そして、スウェーデンのイメージを自らに反映させているだけでなく、スウェーデンイメージを再生産することにも寄与している。

たとえばボルボは、スウェーデンは安全な国であるというイメージをマーケティングに利用してきたが、ボルボによってこうしたスウェーデンイメージが強化されたという側面もある。ボル

「大統領、あなたがスウェーデンモデルに魅了されていることは知っていますが、どうしてそこまで…」1982年または1983年。赤いバラ（社会民主主義のシンボル）を手にしている男性はミッテラン大統領によく似ており、広告全体がスウェーデンモデルを暗示している。（インターイケアシステムズ・BV 社の許諾を得て掲載。© Inter IKEA Systems B.V.）

ボ社を現時点で所有しているのは中国企業で、製造拠点もすでにスウェーデンを離れており、車の部品も他国でつくられたものばかりだ。イケアの商品もスウェーデンでは生産されていないが、両社はともに、スウェーデン発祥であることをブランドの特徴として重視している。

企業が広めるビジュアルイメージ、物語、シンボルが国家ブランドに影響を与え、さらにはスウェーデンイメージをも左右している。スウェーデン社会やスウェーデンデザインのイメージ形成を、利益団体が支援しているというわけだ。企業は商品を生産しているだけでなく、そこに国家のステレオタイプや物語を映し出し、再利用し、再生産している。イケアが本当に「スウェーデン的」であるかどうかにかかわらず、他国におけるスウェーデンイメージ、スウェーデンらしさのイメージにさまざまな形でイケアが影響を与えているのである。

私たちが誇りに思えるようなスウェーデンらしさは、実際にたくさんある。展示するに値する、素晴らしいものも数多く存在する。だからといって、スウェーデン社会のこうした側面を反省したり、チェックしたりしなくてもよいわけではない。

イケアによるものであれ、スウェーデン文化交流協会によるものであれ、スウェーデンに関するイメージや物語には、いろいろと疑わしい点や問いただすべき点がある。どの面が強調されているのか、どの層をターゲットにしているのか、誰がそのイメージに責任を負うのか、といったことを議論していかねばならない。ブランド戦略の立案者は、国家の顔に亀裂を入れるようなことはしないものだ。疑問を突き付けたり問題をあぶり出したりするのは、彼らの仕事ではない。

スウェーデンブランドや商業ブランドのイメージが、実際のところどれくらい現実に見合っているのかということは、また別の問題だ。スウェーデン文化交流協会が述べているように、「私たちが関心をもっているのは、物事がどのようであるかではなく、それがどのように受け止められるのか」ということなのである。(原注45)

第５章 せめぎあう物語

スウェーデンのアイデンティティをどう特定するかは、ポストモダンの悪夢である。スウェーデンの国境の内側には、さまざまな文化、言語、ライフスタイル、社会階級が存在する。民族の多様性と社会の不均質性に目を向けるなら、そこに共通する特徴を見つけ出すことは容易ではない。

だが、企業の世界では物事はそれほど複雑ではない。ブランド戦略は、微妙なニュアンスの違いや表面の亀裂などは気にかけず、できるかぎり魅力的で均質的なイメージをつくり出すことに力を入れる。イケアが打ち出すスウェーデンのイメージは、人々がスウェーデンをどのように見ているかということと、必ずしも一致する必要はない。イケア自身のイメージを表すものであればよいのである。

イケアの物語には、失業や病気休暇(1)は姿を見せない。だが、イケアが伝えてきた理想的なイメ

(1)　スウェーデンでは、病気で仕事を休んだ場合、休業二日目から手当が支給される。病気休暇を取得する人が多いことを問題視する声も上がっている。

ージとは裏腹に、スウェーデンには人を苛立たせるような側面も存在する。

イケア自身がつくりあげた物語の重要性については、本書の第2章ですでに述べている。その威力を浮かび上がらせるためには、別の物語にも言及しなければならない。念のために言っておくと、それはイケアのマーケティングをより詳細に分析し、その効果のほどを理解するためであって、イケアのやり方を故意に貶めたり、反論したり、打破したりすることが目的なのではない。

スウェーデンにとってのイケアは、国際市場での先駆者である。イケアは国の顔であるだけでなく、スウェーデンの福祉システムや、スウェーデンデザインについてのプラスのイメージをつくり出し、定着させてきた。こうした物語は人々を惹き付け、ビジネスの面でも成功を収めてきたと言えるが、多方面から深刻な異議申し立ても受けており、時代に合ったものではないとして議論の的にもなっている。

また、イケアは自らを、複数の領域で革新的な試みをしてきた先駆者であると言っているが、こうした見方も問われてよいだろう。本章では、イケアへの直接的な批判と、これに対するイケアの対処の仕方に焦点を当て、イケアの自己イメージを精査したうえで、それを批判的に分析してみたい。

福祉国家イメージの変容

調和のとれた安全な福祉国家としてのスウェーデンのイメージは、広く普及し定着しているが、これとは異なる見解をもつ人もいる。アメリカやイギリスの保守的な人々は、スウェーデンを一種の福祉ディストピア［暗黒郷］と見なし、公権力が市民を監視し統制する、半ば全体主義的な「過保護国家（nanny state）」(2) であると批判してきた。

一九八〇年代から一九九〇年代にかけて、スウェーデンのイメージは徹底的に再審され、修正を迫られた。福祉国家の見直しが進むなかで、社会の表面に現れたわずかな亀裂に焦点が当たり、スウェーデン社会のネガティブな側面が議論されるようになったのである。これにより、スウェーデンの成功物語も書き換えられていくことになった。(原注1)

スウェーデン福祉国家に疑義を投げかけたものの一例として、ジャーナリストのアンドリュー・ブラウン［Andrew Brown, 1955〜］(原注2) が著した『ユートピアで釣りをする――スウェーデンと失われた未来』（二〇〇八年）という本がある。スウェーデン人にとっては、やや気持ちがへ

（2）　福祉国家を過保護な乳母（nanny）にたとえた表現。福祉国家の蔑称として用いられる。

こんでしまうような本だ。

ブラウンは、一九七〇年代から一九八〇年代半ばまでスウェーデンで暮らした。二〇年後にスウェーデンを再訪した彼は、きわめて個人的なエピソードの数々を紹介しながら、かつて彼が恋したスウェーデンはもはや存在せず、スウェーデンは本来の性格を失ってしまったという結論を下している。

欧州では、多くの国々が社会的分断とゼノフォビア［外国人恐怖症］の問題に悩まされてきた。スウェーデンも、一九九〇年代に経済と政治が危機に陥って以来、こうした欧州諸国の一員になってしまった、とブラウンは述べている。この本はスウェーデンへの愛ゆえに書かれたブラウンの自伝で、鋭い分析を狙ったものではない。それでも、この本を読むと、明確なビジョンを掲げた「モデル国家」は危機的状況にあり、すでに理想とはかけ離れてしまったことが印象づけられる。

福祉国家は長らく安全保障と健全な経済の前提条件であると考えられてきたが、二〇世紀が終盤に向かうころには、問題点も指摘されるようになった。福祉を支えるためには強力な国家が必要だという考え方が疑問視され、大衆福祉国家、スウェーデンモデル、社会計画といった概念が攻撃を受けるようになったのである。

福祉政策は経済的に非効率で、イデオロギー的にも誤っていると見なされ、スウェーデンモデルの社会は集産主義的で父権主義的だと批判された。社会が個人を統制しているといった「闇の部分」が照らし出され、人間の弱さに対する優しさが欠けているなどと言われた。そして第一線の研究者たちからは、スウェーデン福祉国家は市民の自由にとって脅威であるという批判を受け、個人の私的空間に福祉国家の手先がいかに深く入り込んでいるかが指摘された。(原注3)

スウェーデンの福祉体制を批判したのは右派のみではなかった。福祉政策を最初に導入した社会民主主義陣営のなかでも、批判の声が上がっていた。(原注4)

批判をする側とされる側の闘争は、部分的にはスウェーデンのアイデンティティをめぐる対立、もしくは歴史認識をめぐる争いであったと見なしてよい。スウェーデンがわずか二〇～三〇年の間に福祉国家へと変容を遂げたという成功物語は、不都合な部分を削除し、美化されたものだと批判された。多くの事実を省略してつくられた福祉国家の物語は、福祉国家を形成し支えてきた人々を英雄として称える社会民主党の歴史に、完全に取り込まれていると指摘されたのである。(原注5)

スウェーデンの経済は一九九〇年代に大きく変容した。一九九二年九月にスウェーデンクローナが著しく下落し、信じ難いことに、金利が一瞬のうちに五〇〇パーセントも跳ね上がったので

(3)　社会主義思想の一類型で、生産手段を集団的所有とすることによって私的所有に伴う生産と分配の不公正を是正しようとする考え方のこと。

ある。これに続く経済危機はスウェーデンに深刻な打撃をもたらし、スウェーデンモデルの刷新を求める声が広がった。第二次世界大戦後からスウェーデンで構築されてきた福祉国家の根幹は忘れ去られ、スウェーデンの福祉システムを解体することがマントラ［信念］のようなものとなった。

まずは金融規制が解除され、資本市場と労働市場においても同様に規制緩和が進んだ。また、中央管理や規制といった概念に代わって、選択の自由、自己解決といった考え方が登場した。スウェーデンの住宅供給は、かつては厳しい管理のもとに置かれていたが、ヨーロッパで一、二を争うほどに市場化が進んだ。住居は社会権の一部であるという見方は後景に退き、家は個人投資の対象、市場性のある商品であると見なされるようになった。（原注6）

その一方で、スウェーデンの福祉モデルは、現在でも健在であるかのように語られている。だが、現状の福祉政策は以前とは大きく異なるものだ。国家財政が抱える問題の解決は、今や市場に期待されている。社会民主党が選挙で負けることも珍しいことではなくなった。かつては民族的な多様性はほとんど見られなかったが、現在のスウェーデンは多文化社会である。こうした変化について、抑圧的な政府からの解放が果たされ、自由市場のダイナミクスが達成されたと見る人もいるが、社会的分断や人種差別が加速したと見る人もいる。（原注7）

また、「北欧モデル」という概念も、いまだによく用いられている。寛容、公正、平等といった重要な価値をいくつも包含しているこの言葉を、「スウェーデンモデル」の一種のリニューアルと見なすこともできなくはない。これまでさまざまな政党がこの言葉を用いてきたが、スウェーデン社会民主党は二〇一一年にこれを政策マーケティングの目玉として位置づけ、商標登録をおこなった。この言葉のもつ象徴的意味がいかに強力であるかが、ここにも示されている(原注8)。

スウェーデンデザインのステレオタイプ

一九九〇年代末から二一世紀初頭にかけて、スウェーデンデザインのイメージも問われるようになった(原注9)。「スウェーデンらしさ」とは、ブロンドと青い目、そして機能主義を指していると言われてきたが、果たして本当にそうだったのだろうか。あるいは、シンプルで実用的な日用品や道具を表すものだったのだろうか。

誰が何のために、この物語をつくったのか。特定のスタイルや趣味《テイスト》を奨励することは本当に正しいことだったのか。一九九〇年代には、スウェーデンデザインおよび北欧デザインの具体的な特徴をめぐる昔ながらの見解が再び流通するようになった。それにともなって、さまざまな問いも浮かび上がってきたのである。

プロダクトデザイナーのジャスパー・モリソン［Jasper Morrison, 1959〜］のコレクション「Some New Items for the Home（家庭のための新アイテム）」は、一九八九年に発表されるや否や、批評家たちから絶賛された。シンプルでエレガントなネオモダニズムのコレクションは、一九八〇年代のカラフルなポストモダニズムの反動であるとも言われたが、これを北欧デザイン再興の出発点とする見方もあった。振り返ってみれば、モリソンが道を示したことによって、スウェーデンにおけるモダニズムも息を吹き返すことになったと言える。(原注10)(4)

一九九〇年代のスウェーデンデザイン界では、輝くように明るくシンプルなスタイルが主流となり、余計な装飾をせず機能性にこだわるスウェーデンデザインのイメージがさらに強化された。一九九八年のミラノサローネでは、音楽、ファッション、デザイン、フード、ドリンクを組み合わせた「スウェーデンの暮らし」が出展された。すでに述べたとおり、同年には〈ウォールペーパー〉誌がストックホルムを「デザイン首都」として特集した別冊を発行し、街中にデザインがあふれていながら、すぐそばには手つかずの自然も残っていると紹介している。(原注11)

〈ウォールペーパー〉誌の別冊は、従来からのスウェーデンデザインのイメージを踏襲し、モダニズムの様式を継承するデザイナーに焦点を当てたものだった。スウェーデンデザインや北欧デザインに関して書かれた他の本も、こうしたイメージを繰り返すものが多い。ナショナリズム的なステレオタイプと合致するというだけの理由で多くの商品が称賛され、北方に住む人々の慣習や美的感覚を魅惑的に表現した常套句が添えられた。

たとえば、『スカンジナヴィアンデザイン』（二〇〇二年）の著者は、フィンランド人は自らの寡黙な性格を埋め合わせるために創造的な表現を用いるのだと述べている。[原注12] 一方、『スカンジナヴィアデザイン要覧』（一九九九年）では、北欧諸国のデザインに「万人のための美――簡素さと素材の文化」という見出しが付けられた。[原注13] また、『新しいスカンジナヴィアンデザイン』（二〇〇四年）という本では、「新しい」と謳ってはいるものの、北欧デザインの特徴であるとされる「民主主義」「率直さ」「優美さ」「イノベーション」「技術」がテーマとなっている。[原注14]

スウェーデンデザインは一九九〇年代に国際的に注目を浴びるようになったが、その背景として、当時ネオモダニズムが全般的に流行しており、スウェーデンではとくにそれが顕著であったということが挙げられる。しかし、シンプルすぎるとも言えるスウェーデンデザインの人気が急上昇したことを、単なる流行として理解すべきではない。他の現象との関係にも目を向ける必要がある。

大衆福祉国家という観念やそのイデオロギー、そしてそこで謳われた美的感覚は、「過保護国家」や政府による干渉を連想させるという理由で、一時期はほとんど顧みられなくなっていた。

（４）当時の状況については、一八三ページの原注（10）を参照。

しかし、一九九〇年代が終盤に近づくにつれて、これらは再び頻繁に登場するようになる。政治、ポピュラー文化、映画、デザイン、建築などの諸領域で、スウェーデン福祉国家に再び注目が集まるようになったのだ。福祉国家は国家の物語の中心に返り咲くとともに、スウェーデンらしさの象徴にも復帰した。

ただし、こうした状況にノスタルジーの高揚がかかわっていたことは明らかだ。かつて未来のビジョンとして提示された福祉国家は、一九九〇年代末から二一世紀に向かうなかで、「失われた楽園」と見なされるようになっていたのである。(原注15)

実際のところ、スウェーデンのネオモダニズムデザインは、機能主義のモデルとは異なり、どちらかと言えばうわべだけのものだった。かつてシンプルなスタイルが志向されたときには社会的政治的なパトスが原動力になっていたが、そうしたパトスは失われつつあった。代わりに重視されたのは、簡素であることそのものである。福祉国家の美学は最新のトレンドになったが、その中身は空っぽだった。イデオロギー的な含意は徐々に消え去り、福祉国家の美学は、スウェーデンの魅力を伝えるためにあちこちに貼られた壁紙のようなものへと姿を変えた。

だが、スウェーデン社会は、人々がそう見せたいと望むほどには同質的ではないし、ブロンドばかりでもない。シンプルで飾りのない美に対する批判も次第に高まっていった。

一九九〇年代末に向かうなかで、とくに若いデザイナーたちが、スウェーデンデザインと北欧デザインをめぐる神話に風穴を開けようと試みた。彼らは伝統的な美の規範には従わず、理想化されたイメージに異議を申し立て、エスニシティ、階級、ジェンダー、政治をも巻き込もうとしたのである。

これらの議論はデザイン界の外部にも広がり、ギャラリーや新聞紙上でも展開された。中心的な論点となったのは、趣味と権力の問題である。なかでも重要な問題とされたのは、よい趣味とされるものに隠されていた政治的な思惑が（原注16）（5）、どの程度達成されたのかということだった（写真参照）。

実用性こそデザインの基本原則であるとい

（5）こうした議論を反映して開催された展示会については、二八二ページの原注（16）を参照。

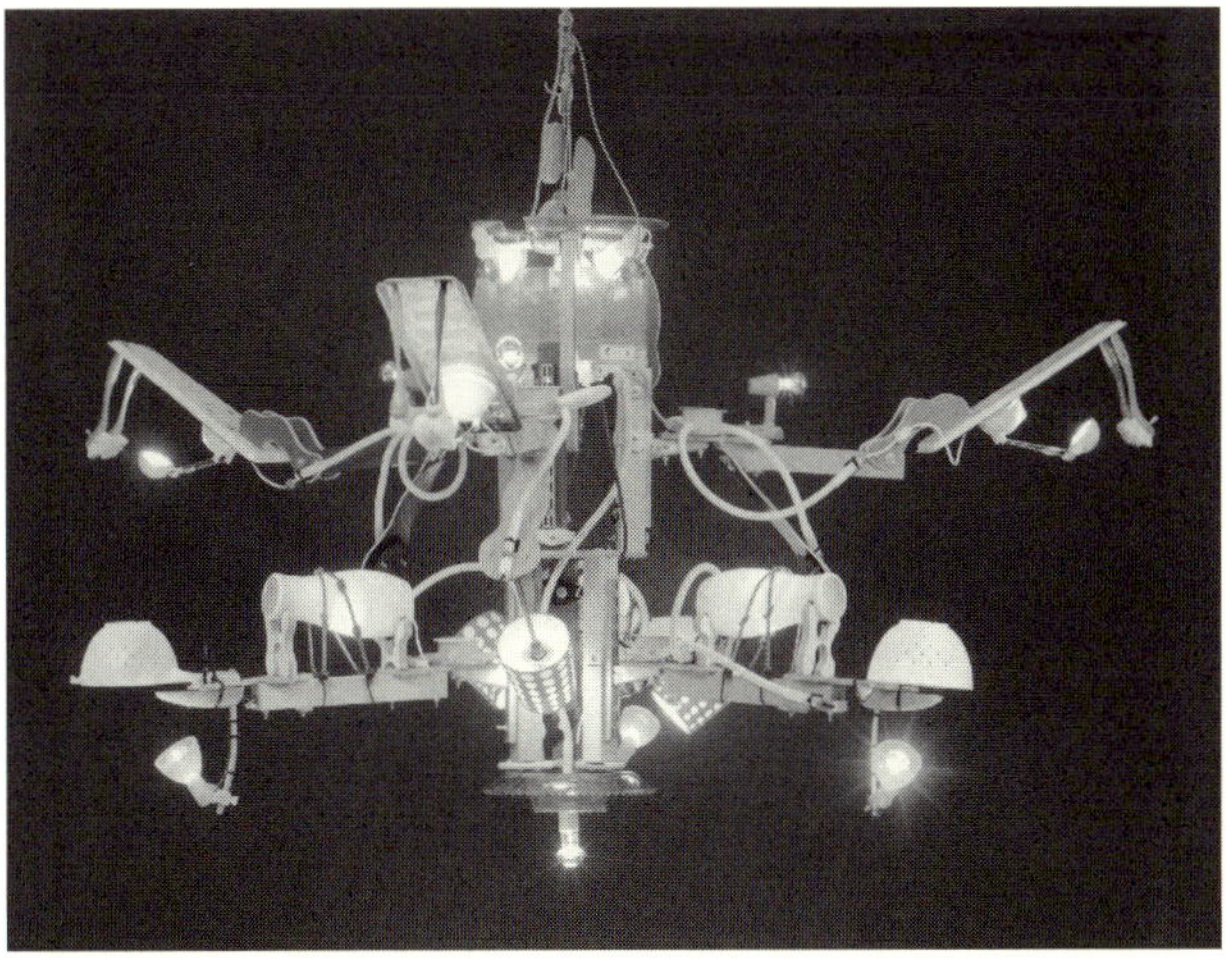

ランプ。アンダシュ・ヤコブセン、2005年。（© Nationalmuseum, Stockholm.）カラー口絵参照。

う信念は、よいスウェーデンデザインとは何かを判断する基準として長らく生き残ってきた。どのような趣味や品質が理想的かということに関しては過去にも議論されてきたが、実用性や有用性が重要であるということは自明視され続けており、公式の規範のようなものになっている。(原注17)機能性を追求したものが正しいデザイン、よいデザインと見なされ、見栄えをよくしたり装飾したりといったことは表面的で余計なものだと考えられてきた。

一九八〇年代に起こった記号論におけるポストモダンの言説は、感傷的な知識人の間の流行にすぎないと一蹴され定着しなかったが、一九九〇年代に生じたネオモダニズム批判の動きは、遅れてやって来たポストモダニズムの議論だったと言えるかもしれない。(原注18)

歴史物語とは、最後に規範を示して終わるものだ。多様性を欠き、同質性を過度に強調するという特徴もある。(原注19)基本的に、スウェーデンデザインの特徴は機能性にあるとされているが、そう言っているのはこの業界に携わる批評家たちだ。モダニズムのデザインも、知識人のラスターに囲い込まれる傾向がある。彼らがビジョンとして掲げているのは、美が階級によって分断されない社会だ。これがスウェーデンデザインのアイデンティティであり、これに合致しない規範や理想は過小評価されることになる。別の言葉で表現すれば、大量生産品や庶民向けに標準化された日用品は周縁化されてしまうのである。

デザイン史の研究も、既定路線をたどるワンパターンなものになりがちで、消費、階級、ジェンダーに関する理論を参照することなく、比較的単純な歴史が描かれてきた。デザイン史の本では、よく知られた出来事ばかりが復唱され、簡潔さと実用性がスウェーデンデザインの典型だと言われていた時代のデータがいまだに掲載されている。(原注20)

かつては、こうしたことが問われることはなかった。それは、スウェーデンのデザイン界を構成するメンバーが限定されており、彼らがやや自己陶酔的な性格をもっていたからである。

スウェーデンは小さな国で、関係者が相対的に少なく、かぎられた人々がデザイン界の主要なポジションを持ち回りで担当するという傾向がある。美術館やデザイン史家、職能団体「スウェーデンクラフトデザイン協会（Svensk form《スヴェンスク・フォルム》）」の重職にある一部の人々は、忠誠心の強い絆で結ばれており、アプローチの仕方もよく似ている。こうしたつながりがデザイン界に影響を与えてきたのだ。(原注21)

スウェーデンクラフトデザイン協会がデザイン史の見方に多大な影響を与えてきたということは、今では定説となっている。(原注22)要するに、スウェーデンデザイン史の物語には、協会が好む理想や規範が反映されているのである。

スウェーデンデザインの歴史は、スウェーデンで書かれたものであれ、国際的に出回っているものであれ、常にスウェーデンクラフトデザイン協会の活動に焦点が当てられている。記述されているのは、協会の歴史においてよく知られている出来事ばかりだ。どういうわけか、スウェーデンデザインの歴史と言えばスウェーデンクラフトデザイン協会の歴史のことだと見なされているらしい。「歴史上の出来事」として言及されるのは、特定の展覧会、マニフェスト、出版物などである。これらがインターナショナル・モダニズムのスウェーデン的解釈に向けた発展の証であるというわけである(原注23)(6)。

　最近では、「北欧デザイン」についても問われるようになっている(原注24)。この言葉もステレオタイプに囲い込まれており、ノルウェーのデザイン史研究者であるシェティル・ファッラン［Kjetil Fallan］の著書『北欧デザインのもう一つの歴史』（二〇一二年）では、これを「神話の拘束衣」と見なしている(原注25)。この本は、伝統的な北欧デザインの特徴についてはほとんど触れていない。これまでの狭い枠組みを超えた大きな領域を扱うことで、北欧デザインをより幅広く捉えようとしている(原注26)。

　ファッランの著書は、一九九〇年代後半から二〇〇〇年代前半に展開した北欧デザインの概念を分析し、批判する運動の一部である。彼の主張は、深く根付いた認識を全般的に修正しようとするもので、イケアのデザインに批判が向けられていたわけではなかったが、この議論をイケアがほとんど無視していたということは興味深い。

　イケアは、昔ながらのスウェーデンデザイン観を擁護することによって、自身の存在感を高めてきた。イケアが利用してきたスウェーデン福祉国家のイメージとスウェーデンデザインの枠組みは、すでに時代遅れとなっている。当時の批判や疑義はイケアを直接の対象とするものではなかったが、イケアのレトリックをどのように理解するかという点では重なるところが多い。

新しい瓶に古いワインを

イケアの物語では、イケアは独創的で革新的な企業であると語られてきた。イケアの自己イメージを検討するには、この点についても見ておかなくてはならない。イケアは自らを、いくつかの領域での先駆者として描こうとする。こうした物語で描かれるイケアは、勇敢で創造的、他とは異なる革新的なソリューションやアイデアをもつ会社である。だが、やはり疑問が浮かぶ。独創的で革新的であるとは、実際のところどういうことなのだろうか。

これは、常に新しいアイデアをもっているということだけを指すのではない。既存のコンセプトを明確化することや精緻化することも含んでいる。イケアには、アイデアやトレンド、傾向をつかんで発展させる力、それらを伝統や文化とつなげる力がある。

（6）　こうした見方の代表例については、二八二ページの原注（23）を参照。

フラットパッケージやノックダウン式家具は、イケアの特質をもっともよく示すものである。すでに言及したように、イケアが語るストーリーによれば、こうしたアイデアは一九五〇年代のいつごろかに、あるスタッフが青天の霹靂のように突然ひらめき、まもなく業務に導入されたという。

イケアが組み立て式の家具の販売をはじめたのは、もしかしたら本当にこのような経緯によるのかもしれない。しかし、車のトランクに収めるためにイケアの従業員が脚を外したテーブルは、ノックダウン式家具の最初のラインナップには含まれていなかった。また、この種の家具は他の店でも売られていた(原注27)(7)。

すでに一九三〇年代には、フランスの建築家ジャン・プルーヴェ(8)が、ネジで分解し箱に詰めて送ることができるスタンダードな家具シリーズを製造していた。彼の椅子やテーブルは、学校や病院などの公的施設に向けて販売された(原注28)。一九四〇年代には、スウェーデンのデザイナーたちもプルーヴェと同じアイデアと方法を用いている。

ストックホルムの高級デパートNKが販売した「トリーヴァ・ビュッグ［スウェーデン語で、好きなようにつくろう、という意味］」システムは、客自身が説明書を見ながらスクリュードライバーで組み立てる家具であった(原注29)(9)。これが発売された当時、あるスウェーデン人ジャーナリストが次のような記事を書いている。

「この家具シリーズはスウェーデンの家具製造に革命をもたらすものだ、と言っても決して過言ではないだろう」（原注30）

このジャーナリストは正しかった。ただし、このコンセプトを発展させたのは、NKではなくイケアであった。「トリーヴァ・ビュッグ」プロジェクトに参加していたデザイナーのエーリック・ヴェルツ〔Erik Wörts〕が一九五八年にイケアに入社し、イケアで組み立て式家具の製造を続けたのである。（原注31）

イケアはこれについて公式には語っていないが、イングヴァル・カンプラードは、この技術は他のところから借用したもので、イケアが最初だったわけではないと認めている。

「ストックホルムのNKデパートは当時すでに『ノックダウン家具』と呼ばれた組み立て式の家具をシリーズで販売していました。彼らはただ、そのアイデアの中に隠された売上利潤のダイナマイトともいうべき可能性を見出していませんでした。革新的なデザイナーと日ごろから情報交換をしていたおかげで、イケアはそのアイデアを効率的に体系化して発展させた先駆者となったのです」（原注32）

（7）イケアが初めて取り扱ったノックダウン式家具については、二八一ページの原注（27）を参照。
（8）（Jean Prouvé, 1901～1984）フランスの建築家、デザイナー。建築とデザインに工業的生産方式を導入した。
（9）この家具の商品化の経緯については、二八一ページの原注（29）を参照。

これが真実であろうとなかろうと、カンプラードの説明は、イケアがよいアイデアを進んで改良しようとする姿勢をもつことを裏付ける。NKデパートのノックダウン式家具の販売がさほど成功しなかった理由は、NKデパートが通信販売会社ではなかったからだと考えられる。伝統的な百貨店よりも、通信販売会社のほうがこれに適していたのだろう。（原注33）また、NKデパートが富裕層を対象としてきたことも関係していたかもしれない。

さらに、イケアの家具の展示の仕方も、NKデパートから借用したアイデアによるものであった。印象的な演出を用いた家具の見せ方には、教育的な意図も込められている。この方法は、長年にわたってイケアストアにおける商品展示の責任者を務めたレンナート・エークマルク［一三三ページ参照］によって導入された。彼は、この展示法には売り上げの向上という効果だけでなく、教育的な効果もあるということに気付いていたという。（原注34）よく吟味されたインテリアを提案することは、客を教育することにつながるのである。

ただし、商品を個別に並べるのではなく完成したルームセットを展示するという方法は、NKデパートが考案したものではない。これを最初におこなったのは、一九世紀後半に登場した百貨店で、一般的な小規模小売店との差別化を図るためであった。こうした販売戦略は、商品にふさわしい雰囲気を演出することによって全体的な効果を高めることを狙っていた。壮大な舞台演出のようなものも多く、豪華で、時にはエキゾチックな雰囲気を漂わせていたが、肝心の商品は全

体のなかに埋もれてしまい、あまり目立たなくなってしまうこともあった。（原注35）

イケアストアの入り口に積み上げられている黄色のバッグはイケアならではのものだが、(10) これも既存のアイデアを素早く取り入れて発展させたものである。このアイデアの元祖は、スーパーマーケットチェーンのカルフールだ。(11)（原注36）

カラフルなプラスチックボールがあふれるプレイルームも、イケアではおなじみだ（写真参照）。親たちが買い物をしている間、子どもたちが楽しく過ごせるようにと設置されているものだが、これは、シャーロッテ・ル

(10)　このバッグの導入の経緯については、二八〇ページの原注（36）を参照。

(11)　(Carrefour）フランスに本拠を置き、世界三〇か国以上に出店している。

子どもたちのプレイルーム。1980年代。（インターイケアシステムズ・BV社の許諾を得て掲載。© Inter IKEA Systems B.V.）

ーデとイェルディス・ウールソン＝ウーネ[12]が似たような部屋をデンマークで見かけてひらめいたという[原注37]。

要するに、現在のイケアを象徴するアイデアや販売戦略の数々は、イケアがはじめたものではなかった。イケアの創造性と革新性は、既存のアイデアを素早く取り入れ発展させたこと、そして、それをイケア物語にうまく取り入れ、自らの革新性をアピールしてきたことにある。イケアが成功を収めることができたのは、こうした能力があったからだ。イケアは他者のアイデアを発展させたうえに、それを洗練させ、伝統として確立したのである。

イケアをスウェーデン消費協同組合連合（ＫＦ）[13]と比較してみると、さらに面白い。ＫＦ《コーエフ》は、第二次世界大戦の直前から戦後にかけて、スウェーデン人の生活にきわめて大きな影響力を発揮した。デザイン史研究家のラッセ・ブルンストレーム［Lasse Brunnström, 1948～］は次のように述べている。

「一九三〇年代から一九七〇年代まで、平均的なスウェーデン人の人生は、それこそゆりかごから墓場まで、ＫＦとともにあったと言っても過言ではない[原注38]」

ＫＦは、一般市民のために食料品の価格を抑えること、小売業者への依存を改善することを目的として一八九九年に設立され、やがて巨大組織に成長した。公式には政治的中立性を掲げてきたが、労働運動の理念と共鳴してきたことも多い。アメリカの小売店チェーンからヒントを得て、すべての店に機能的な設備を取り付け、スウェーデンにおける「セルフサービスストア」の先駆けとなった。

また、一九二四年にはＫＦ独自の建築事務所も設立され、この建築事務所が二〇世紀のスウェーデンにおける建築表現に多大な影響を及ぼすことになった。シンプルかつ合理的で無機質なモダニズムの様式がＫＦを通じてスウェーデン全土に行き渡り、戦前から戦後にかけてスウェーデンで建設された建物の大部分に影響を与えたのである。その対象は、食料品店、百貨店、劇場、タウンホール、学校、レストラン、住居、工場など、何千にも及んでいる。(原注39)

ＫＦブランドは類似性を中心的な特徴としていた。明確なイデオロギーにもとづいた経営がおこなわれ、数多くの商品シリーズを開発すること、適切な基準をつくることに熱意が注がれた。建築事務所では、バスルーム、玄関ホール、寝室、リビングルームの設計の仕方について、きわめて厳格な標準システムが設定された。さらにＫＦは、衣服や家具、食料品などもひととおり製造している。(原注40)(14)

---

(12)　(Charlotte Rude)（Hjördis Olson-Une）一九六〇年代末から一九七〇年代初頭にかけてイケアに作品を提供していたデザイナー。

(13)　(Kooperativa Förbundet)　スウェーデン全土で展開していた消費生活組合運動の中央組織として一八九九年に設立された。スーパーマーケット「ＣＯＯＰ」などを運営している。

また、初期には教育戦略や情報キャンペーンにも力が入れられた。ＫＦは、スウェーデンの思想史研究者ペーデル・アレックス［Peder Aléx, 1952〜］が言うところの「合理的消費」を象徴するものであったと言える。自制心をもち、倹約を心がけ、常識を身につけ、計画的に買い物ができるように消費者を教育することが目指されていた。消費者にとって、それが善いことだったかどうかはわからない。(原注41)ともかくＫＦは、規格化されたもの、機能的なもの、日常生活に役立つものを称賛したのであった。

ＫＦとイケアを直接つなげて論じるわけにはいかないが、消費をめぐる基本的な文化や習慣を築いたのがＫＦであったことはまちがいない。また、最盛期のＫＦがスウェーデン福祉国家において果たしていた役割は、イケアが低価格とブランドイメージの組合せによって獲得した（少なくともスウェーデン市場における）優位性に匹敵すると言ってもよいだろう。(原注42)ＫＦの具体的な取り組みのなかに、イケアと同様のものがあったということではない。既存の習慣や伝統や文化を方向転換するという、そのやり方が似ているのである。

趣味《テイスト》の涵養という点では、イケアは民衆教育（popular education / folkbildning）の伝統とつながっている。道はすでに準備されており、イケアはちょうどよい時にちょうどよい場所にいたというわけだ。

スウェーデンでは、第二次世界大戦後から一九七三〜一九七四年のオイルショックまでの好況期は、記録的な時期だったと言われている。経済成長が続いたおかげで社会改革が可能となり、人々の生活水準も大幅に向上した。すべての指標が上昇した時期であった。

社会民主党政権は、一九六四年、以後一〇年間で新たに一〇〇万戸の住宅を建設すると発表し、翌年それを実行に移した。(原注43) 新しい住居ができれば、当然ながら家具と日用品が必要になる。他方で、一九五〇年から一九七五年までの間に、スウェーデン国民の購買力は倍増していた。収入が増えて消費水準が上がったことによって、店で欲しいものを買い、インテリアを好きなようにしつらえることができるようになった。(原注44)

スウェーデンにおけるインテリア熱は、インテリアデザインの重要性を教える教育プログラムやプロパガンダのみでは説明できない。一〇〇万戸の住宅建設が速やかに進行し、多くの人が家具やインテリア用品を買えるだけの経済力をもつようになったという背景があったからこそである。イケアの成長についても、このことに即して捉える必要がある。イケアの発展を支えたのは、スウェーデンの経済成長と、増え続ける新築アパートに家具を備え付けねばならないというニーズであった。

（14）　ＫＦの商品展開については、二七九ページの原注（40）を参照。

脚光を浴びるイケア

近年のイケアは、絶えず批判にさらされ、細かく監視されている。イケアが倫理的な配慮をしているかどうか、カンプラード自身がこれまでどうであったかということが厳しくチェックされているのである。一九九四年には、若かりしころのカンプラードがナチスの運動に密かに関与していたことが暴露された。この報道はメディアを騒がせ、カンプラード個人のみならず、イケア本体をも揺るがす事態となった。

カンプラードの家族はドイツ・ズデーテン地方の出身である。ヒトラーが政権を掌握し、戦争に突入したのちも、カンプラード家とドイツとのつながりは密であった。カンプラードのイメージには政治的、イデオロギー的な色が付け加わり、それは年を追うごとに強くなっている。

彼が初めてナチスにかかわったのは一九四二年で、少なくとも一九五〇年までは活動を続けていた。ジャーナリストのエリサベット・オースブリンク［Elisabeth Åsbrink, 1964〜］によれば、スウェーデン公安警察が一九四三年に作成したカンプラードに関するファイルには「ナチス」という見出しが付いていたという。

彼は第二次世界大戦後も長きにわたって極右の新スウェーデン運動を支持しており、この運動の指導者ペール・エングダール[15]とも懇意にしていた。二〇一〇年のインタビューで、彼はエングダールについて「偉大な人物だった。生きているかぎり、この考えは変わらない」(原注45)と述べている。このことは一九九四年に明るみになったが、このときにイケアがとった危機対応は、レトリックとしては実に見事なものだった。(原注46)カンプラードはきわめて謙虚な姿勢で謝罪し、何年もの間、その謝罪を繰り返したのである。

最初の暴露記事が出た際にスタッフに当てて書いた手紙のなかで、彼はこう述べている。

「あなたにもかつて若い時代があり、今になって振り返ってみれば、当時の自分は、何と浅はかで愚かであったのだろうと後悔することがあるでしょう。もしそうであれば、きっと私の気持をよくわかってくださるでしょう。そして、あなたのその愚かな過ちが、さらに四〇〜五〇年も前の出来事だと考えてみてください。今になって思えば、それが愚かなことだと分かりますが、しかし、覆水盆に返らずなのです」(原注47)

一九九四年のスキャンダルののち、カンプラードは、自身とイケアに関する本の執筆をジャーナリストであるバッティル・トーレクルに依頼した［二九ページ参照］。おそらく、過去の政治

(15)　(Per Engdahl, 1909〜1994) ナチスの影響から「新スウェーデン運動」を提唱し、スウェーデンファシスト闘争団 (Sveriges Fascistiska Kamporganisation、のちに国民社会主義人民党 Sveriges Nationalsocialistiska Folkparti と改称) の指導者となった。第二次世界大戦後も晩年まで活動を続けた。

的な活動が引き起こしたダメージを埋め合わせようとしたのだろう。

トーレクルの本では、カンプラードがナチスに関与していたことについても言及しているが、これは単なる若気の至りであったと見なされている。この情報が公にされた当時の激動の日々についての説明は、カンプラードがきわめて勇敢であったことを際立たせるような書きぶりである。イケアの創業物語と同じく、カンプラードは弱い立場にいながら闘いに挑む者として描かれている。

「彼は、金曜日午後のコーヒーブレイクの後で、誰かが片付けるのを忘れたコーヒーの残りを飲み、硬くなった菓子パンを二つかじった。その二日間、彼はそれしか口にしなかった」(原注48)

こうした闘志と忍耐力によって、カンプラードは肯定的なイメージを取り戻したのであった。カンプラードが過去にナチスに関与していたことはスウェーデンで議論の的になり、イケア創業者と大衆福祉国家の関係、およびヒトラーと第三帝国の関係の類似性が指摘された。また、カンプラードをポストモダン時代のヒトラー、グローバル時代のヒトラーと見なし、第三帝国よりはるかに大きなものをつくろうと企んでいるのではないかと書き立てるシリーズ記事もあった。さらに、イケアにおいて伝統的な共同体と近代性、「スウェーデンらしさ」(原注49)の誇張と経済性が組み合わせられていることも、ドイツに見られた国家社会主義と結び付けられた。

注目を集めたのは、カンプラードがナチスの運動に参加していたことのみではなかった。彼にまつわる、多くのさまざまな神話を崩そうという試みも現れたのである。たとえば、彼は特別に貧しい暮らしのなかで育ったわけではなく、さほど低い階層の出身でもない。実際のところ、イケアの創業物語においては、カンプラードが貧しい家庭の出身だとはされていない。そのようなイメージが広まったのは、ほぼメディアによるものだ。

一九六〇年代からずっと、イングヴァル・カンプラードは自らの弱点を隠さず、むしろ堂々と見せる「ジャーナリズムの人」であった。新聞紙上では、「農家の少年」から驚異的な能力で社会的な上昇移動を遂げた人物として描かれた。彼は大きな別荘も、馬でいっぱいの馬小屋も所有しておらず、唯一の趣味は川岸で釣りをすることである。完璧にメディアが好むイメージだ。(原注50)

実際には、カンプラードの家族は少しも困窮してはいなかった。彼の祖父であるアーチム・カンプラード［Achim Kamprad］はドイツの城館で育ち、パウル・フォン・ヒンデンブルク(16)と血縁関係にあった。ヒンデンブルクは第一次世界大戦でドイツ軍を率いたのちにドイツの大統領となり、アドルフ・ヒトラーの首相就任にもかかわった人物である。

アーチムがスウェーデンに移住したのは一八九六年で、イングヴァル・カンプラードは、その地域ではもっとも大きな農場で育った。彼の母方の家族もかなり裕福で、エルムフルトで大きな

(16)　(Paul von Hindenburg, 1847～1934)　ドイツの軍人、政治家。

商店を経営していた。(原注51)

実のところ、カンプラードは企業家として裕福になったわけではない。一九八二年という早い段階で、彼は自ら築いた帝国を外国の財団に譲渡している。この件は、イケアの物語とカンプラード自身の物語の両方にかかわる重要なテーマである。

イケアによれば、カンプラードは、独立性と長期的な存続を可能にするようなオーナーシップ構造をつくりあげるのに力を注いだという。

「そのため、一九八二年以来、イケアグループはオランダの財団の所有となっています。この財団は、財団法人スティヒティング・インカ（INGKA）・ファウンデーションという名前で、オランダの財団法人スヒティヒング・イケア（IKEA）・ファウンデーションを通じた慈善事業への資金提供、およびイケアグループ内への再投資を目的としています(原注52)」

二〇一一年、イケアのオーナーシップ構造に関して新しい情報が公表された。テレビ局の調査班が、カンプラードはイケアの管理権を明け渡してなどおらず、リヒテンシュタインにある「インテルオーゴ（Interogo）・ファウンデーション」という秘密の財団を通じて、数十年にわたってそれを維持してきたと報道したのである。ストアの収益と売上高の大部分がこの財団に流れ込んでいた。つまり、この構造は巨大な税金逃れのシステムであったということになる。(原注53)

これに対してカンプラードは、この財団の目的はイケアの経営を長期的に安定させることにあり、問題とされている資産は財政難に備えるためのもので、「慈善目的」のものでもあると説明した。

「インテルオーゴ財団は私の家族が管理しているもので、外部のメンバーからなる委員会が運営にあたっています」(原注54)

その二年後には、オーナーシップ戦略に関して、さらに目を見張るような事実が明るみに出た。(原注55)巨大企業はたいていの場合、高度な税金逃れの策を準備しているものだ。その結果として所有権と経営構造が複雑化しているというのもよくあることで、とくに驚くにはあたらない。イケアに対して非難の声が上がったのは、イケアが長年にわたって自らを馬鹿正直な家族経営の会社だと言ってきたからであり、カンプラードがイケアを独立した財団に譲ったことが印象づけられてきたからだ。経営体制をめぐる秘密主義も相まって、イケアに関する憶測は盛んに飛び交っている。

納入業者の労働環境に関してもイケアは非難を浴びてきた。あるドキュメンタリー番組がイケアの仕入れ先を調査し、勘定を払わされているのは誰なのか（イケアストアの低価格は誰の負担によるものか）という問題を浮かび上がらせたのである。この番組では、イケアが児童労働を利用していることが報じられ、納入業者における従業員の労働条件が容認し難いものであることも報道された。(原注56)

二〇〇九年には、枕と掛布団に、生きている鳥から抜き取った羽毛が詰められていることが暴露された。イケアのダウンは四つのカテゴリーに分類されているが、そのうちもっとも安価なものに、生きている鳥から抜き取られた羽毛が使用されているというのである。このダウンが安価なのは、食肉処理される予定の鳥から複数回にわたって羽毛を取っているからだ。(原注57)

中国の納入業者によるこの行為は、それ自体は違法なものではないが、倫理的には弁解の余地はない。イケアがこうした状況を認識していたかどうかはわからないが、納入業者に価格を下げるよう圧力をかけてきたのは確かである。

その三年後、イケアの子会社が、ロシア・カレリア地方の原生林を広範囲に伐採したとして告発された。この子会社は、森林管理のための国際組織である森林管理協議会（ＦＳＣ）から許可を得ていた。この組織は貴重な森林を保護することを任務とするもので、イケアから多額の寄付を受けていたが、これが賄賂ではないかと疑われたのである。(原注58)

同じ年、旧東ドイツの刑務所に収容されていた政治犯らが、(原注59)(17)一九六〇年代から一九八〇年代までの間、イケアの家具の製造に携わっていたことが確認された。イケアはその納入業者と直接接触していたわけではなかったが、批評家たちは、イケアが労働条件や工場管理の適切さについて十分な確認をしてこなかったことを問題にした。(原注60)

イケアへの批判は、倫理面や製造に関することばかりではない。イケアの物語にはジェンダー間の平等について語るものも多いが、その一方でイケアは、ジェンダー平等とは相容れない政治的文化的な事情に無節操に追従してきた。このこともまた、批判の的になっている。

二〇一二年、サウジアラビアのイケアカタログが他国のカタログと大きく異なっていることが暴露された。写真に写っていたはずの女性と少女が、レタッチ作業によって削除されていたのである（写真参照）。さらに、カタログにはコレクションを任された四名のデザイナーの紹介が掲載されていたが、サウジアラビア版ではそのうち女性デザイナー一名の名前が削除されていた。（原注61）

イケアは、商品を低価格にすることが社会変革に貢

（17）この件の詳細については、二七七ページの原注（59）を参照。

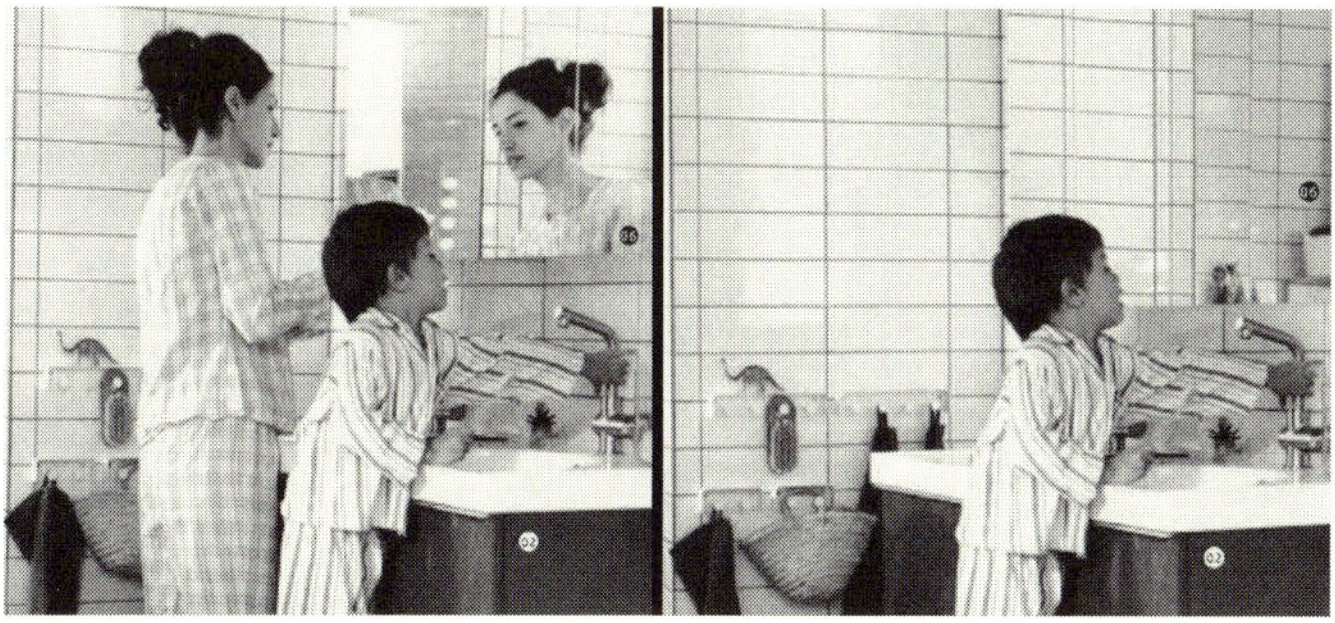

2013年のカタログより。同じ商品だが、国によって写真が異なっている。左はイギリスで配布されたもの、右はサウジアラビアで配布されたもの。（インターイケアシステムズ・BV社の許諾を得て掲載。© Inter IKEA Systems B.V.）カラー口絵参照。

献するを言っている。カンプラードは、「やや厳粛に表現すれば、当社の事業哲学は社会の民主化の過程に貢献しているとも言えるでしょう」（原注62）とまで述べている。だが、価格が安ければ何でもよいというわけではない。コストを減らす努力をするにしても、倫理的な境界線はどこかに引かねばならないはずだ。

イケアは「より快適な毎日を」というモットーを常に繰り返している。これはイケアの総合ビジョンでもある。イケアは実際に、人々の日常生活の質を改善しているのだろうか。低価格を追求し続けることによって、必然的に搾取が生み出されているのではないだろうか。

社会的責任を負う企業

イケアが掲げる「低価格。でも、どんな価格でもいいというわけではありません」というスローガンからは社会的意識や責任感が伝わってくる。これを単なるレトリックとして、あるいは防御的な回答として見るべきではない。イケアは批判を受け入れ、方針を改善したり納入業者をチェックしたりしている。他方で、イケアは批判を利用してブランド力を高めてきたとも言える。

イケアは、倫理的、社会的問題や環境問題に配慮し、正しいことをおこなおうとしている企業、社会に貢献しているよい企業だと言われてきた。(原注63) 別の言い方をするならば、おそらくイケアは、他の多国籍企業よりもまっとうな振る舞いをしてきた可能性が高い。

イケアが自社のウェブサイトで紹介している社史によれば、一九五〇年代以降しばらくは、新しいストアをどこにいつ開店するか、どんなコレクション、どんな商品を展開するかといったことが事業の中心だった。二一世紀に入った現在、イケアは家具販売会社というよりも、まるで慈善団体のように見える。

近年のイケア物語では、セーブ・ザ・チルドレンやユニセフ（国連児童基金）、ＷＷＦ（世界自然保護基金）といった社会的信用の高い組織への協力が主要なテーマとなっている。そうした物語で語られるのは、新しいストアや新商品についてではない。イケアが納入業者に対して、大気排出規制や水質規制、労働環境の適正さを遵守するよう厳しく要求しているということ、そしてとりわけ、イケアがいかに児童労働の撲滅に尽力しているかということが語られている。(原注64)

環境問題や倫理的な問題は、イケアの元ＣＥＯアンダシュ・ダルヴィッグの著書『ＩＫＥＡモデル――なぜ世界に進出できたのか』（二〇一一年［邦訳二〇一二年］）でも扱われている。イケアをモデル企業として紹介するこの本では、売り上げを伸ばし利益を上げるといったビジネス本(18)

(18)（Anders Dahlvig, 1957～）一九八四年にイケアに入社し、一九九九年から二〇〇九年までＣＥＯを務めた。

来の目的と、もっとも広い意味での「よい社会」を築くという目的を同時に果たすためにはどういったことが必要なのかが模索されている。(原注65)

カンプラード自身も、イケアも、批判に対処する独特の能力をもっている。〈ニューズウィーク〉誌は二〇〇一年、イケアは批判に屈しないという意味で「不屈の多国籍企業《テフロン》」という比喩を用いたことがある。また、これに関連して、イケアが国際環境NGOグリーンピースに協力していることについても言及された。(原注66)

イケアを告発しても糠《ぬか》に釘である。それは、実際イケアに社会的意識や倫理的意識が浸透しているからなのかもしれない。だが一方で、「テフロン戦略」は表面的なものにすぎないと批判する声もある。

元従業員のヨーハン・ステネボー［三〇ページ参照］は、イケアは自ら意識して環境規制を守っているわけではないと主張し、人道的な組織との協力の目的について疑問を投げかけている。ステネボーが言うには、イケアが信用度の高い組織と組むのは忠誠心を手に入れたいからだ。つまり、こうした組織を一種のアリバイ、あるいは担保として利用しているのである。批評家たちは、この戦略を狡猾でシニカルだと批判している。(原注67)

企業が援助機関に協力したり寄付をしたりするのはよくあることだが、(19)カンプラードと同じく「善良な資本家」と呼ばれているアドリアーノ・オリベッティのケースはなかなか珍しい。オリベッティ社には一九五〇年代から従業員対象の無料診療所があり、出産後の女性には数か月間の休暇が保障されていた。さらに、従業員のための住宅も会社が建設した。これ自体は別に珍しいことではないが、著名な建築家を雇ってシンプルな住まいをデザインさせるというオリベッティのやり方は決して一般的ではない。文化活動に対する支援も、他に例のない取り組みであった。オリベッティ社は文学や哲学のジャーナルをつくったり、昼休みに人文科学の講座を開いたりもしていたのである。(原注68)

現在では、企業の社会的責任［ＣＳＲ］という概念は広く認知されるようになっている。広告に配慮することもそうだし、公職を引き受けることなどもそうだ。その目的は、当然ながら利益を最大化することではなく、社会全体をよいものにするということにある。

他方で、これはイメージの問題でもある。企業はもはや、商品の価格や品質のみでは評価してもらえない。共感できる誠実な企業であることをアピールするためには、社会への貢献を示さねばならない。そしてその中身が、マーケティングにも有効なのである。(原注69)

イケアが環境保護団体との協力関係を強調するのは、その領域でよく知られている組織を利用

（19）（Adriano Olivetti, 1901～1960）イタリアの事務機器メーカーであるオリベッティ社を父から継承し、社会貢献と文化活動を重視する企業文化を構築した。

して自社を宣伝するためだ。環境問題への取り組みや、商品、道具、コミュニティ・インフラにおける環境配慮デザインを提唱していることで著名なヴィクター・パパネック[20]は、『デモクラティック・デザイン』（一九九五年）と題した著書で次のように述べている。「自明なことが一つある。イケアは、役に立つもの、美しいもの、手頃な価格のものをつくるということにおいて、環境の面でも、社会的、文化的な面でも、先頭を走り続けるだろう[原注70]」

（20）（Victor Papanek, 1923～1998）オーストリア出身、アメリカで活躍したデザイン評論家。

第6章 デモクラシーを売る企業

「まあ、見てごらんなさいよ、ジャン」

ミショディエール通りとヌーヴ＝サン＝トーギュスタン通りの角にある店のショーウィンドーの前で、ドゥニーズ・ボーデュは興奮気味に声を上げた。一八八三年に出版されたエミール・ゾラ(1)の小説『ボヌール・デ・ダム百貨店（*Au Bonheur des Dames*）』の一場面である。(原注1)

ドゥニーズはこのとき、西洋世界の購買習慣と物質商品への人々のかかわり方を変える出来事に、まさしく立ち会っていたのだ。すなわち、百貨店の誕生である。パリの架空の百貨店を描いたゾラのこの作品は、二〇世紀後半に発展した消費文化論では必ずと言っていいほど引用されている。

顧客を魅了し、欲望を喚起する商品の数々。人々は近代的な百貨店で買い物ができるようになった。だがそれは、目にした商品への憧れを募らせながら、その夢に屈することをも意味していた。

（1）（Émile Zola, 1840~1902）フランスの自然主義文学者。社会主義にも関心を寄せ、下層労働者や群衆の姿を描いた。

る。ゾラの小説は、百貨店文化が発展するさまを描くとともに、社会におけるその役割を描き出した。この作品は、彼が「現代商業の大聖堂」と呼んだフランスの百貨店を綿密に取材したうえで書かれている。（原注2）

百貨店はまたたく間に商業のシンボルとなり、享楽主義、消費者の夢となった。それは現在に至るまで変わらない。百貨店は人々の憧れと夢のうえに成り立つ場所であり、人間の幻想と希望を満たすことを約束する場所である。

この点においては、イケアストアも他の店と同じである。数多くあるイケアのキャッチコピーの一つに「夢を見るのはやめて、今を生きよう」（原注3）というものがあるが、これも同じことを表している。低価格のイケアストアでなら夢を実現できる、というわけだ。低価格は、「いつか手に入れようと思うものと、今すぐに欲しいものとを、妥協することなく分ける魔法の成分」（原注4）なのである。

夢を見ることとモノを買うこととは完全に連結しているわけではないが、互いにつながっている。アメリカの文化史研究者であるウィリアム・リーチ［William R. Leach, 1944〜］は、装飾の専門家が発した「彼らに夢を売れ」という言葉を引用している。

「これを買ったらどうなるかという展望。結局のところ、人々はモノを買うのではない。希望を買うのだ」（原注5）

イケアの考え抜かれたインテリアは現実的なものだが、人々の夢をさらに掻き立てるものでもある。イケアストアは、まぎれもなく近代消費文化の一部なのだ。

最終章となる本章では、こうした文脈のなかにイケアを位置づけてみることをとおして、イケアを解釈するための枠組みを固めることにしたい。本書で検討してきたことをまとめ、それを消費主義という現代の巨大な潮流に関連づけることで、イケアの成功をどう捉えるかを見通したいと思う。

最良の物語が勝利する

イケアの驚くべき成功は、「心温まるもの」を愛する私たちの感情に訴えかける。これは過去の英雄物語であり、発展と進歩のストーリーでもある。イケアが何者であるのか、何者になろうとしてきたかをめぐる物語を見れば、野心、アイデア、哲学をもつ企業のあり方がわかる。それらすべてが口頭で、あるいは書かれたものを通じて受け継がれ、生き続ける。

イケアは自らの描き方を工夫することによって、固有のアイデンティティを育んできた。他の企業との違いを際立たせることがその主題である。イケアはあえて違うやり方をとってきた。そしてそのために、型破りな方法、目新しいコンセプト、独特の販売戦略を生み出してきた。イケアは独自の道「イケアウェイ」を進んできたのだ。

イケアはスウェーデン発祥の企業だが、カンプラードがいかにしてイケアをつくりあげたかをめぐるストーリーはアメリカン・ドリームの応用形と見てよいだろう。社会的経済的な状況に関係なく、誰にでも成功の可能性があるという考え方に立脚した、資本主義的なストーリーである。この物語がもつ影響力や効用は、イケアの物語が世界中で有効に機能していることを見れば明らかである。

成功についてのシンプルな寓話は一般に受け入れられやすい。イケア物語は世間に根を下ろしている。スタッフ、顧客、メディアによって伝達され、繰り返し語られる。ミュージアムに登場し、出版物のなかに描かれ、スウェーデン政府もそれに言及する。この物語とそれを飾るレトリックを、現実と突き合わせてみるといったことは滅多におこなわれない。ただ無批判に再生産されるのみである。

『イケアの本』（二〇一〇年）は、このことを示す実例だ。この本は完全なご機嫌取りのストーリーとなっており、イケアへの批判など微塵もない。カンプラードは英雄として描かれ、イケアはスウェーデンの福祉政策と社会的責任を体現しているかのように書かれている。（原注6）

デザイン史を幅広く概観する他の本も、家計水準に関係なく、誰もが住まいを美しく飾れるようにすることがイケアの基本哲学です、と断言しているものがほとんどだ。たいていの場合は、イケアはスウェーデン的な理念、規範、ビジョンを追求する企業です、というふうに続く。（原注7）

スウェーデンの国立デザイン博物館の常設展示には、長らく「エレン・ケイからイケアまで」というタイトルが付けられていた。（原注8）エレン・ケイ［七七ページ、一二二ページ参照］がもっていた社会的、民主主義的なパトスを、イケアストアが直接継承しているかのように思わせるタイトルだ。

もう一つ、ストックホルム市立リリエバルクス・アートギャラリーで二〇〇九年に開催された「リリエバルクスのイケア（*IKEA på Liljevalchs*）」展も同様の例である（次ページの写真参照）。これほどの規模の展覧会を開催するには、通常は六〇万クローナほどかかるが、この展示会ではさらに費用がかさみ、予算超過分はイケアが負担した。（原注9）

イケアのサクセスストーリーに関する展示は、教育的な志向がきわめて強いものだった。展示会自体が、イケアが巧妙に仕掛けた壮大な祝宴のようなものであったと言えるが、表向きはイケアが企画したものではないということになっている。（原注10）

（2）イェテボリにあるルスカ美術工芸博物館（Röhsska museet）のこと。一九一六年に開館した。二〇世紀以降の手工芸品や服飾デザインなどの作品を中心に展示している。

「リリエバルクスのイケア」展。リリエバルクス・アートギャラリー、ストックホルム、2009年。（インターイケアシステムズ・BV社の許諾を得て掲載。© Inter IKEA Systems B.V.）

費用を負担してくれたうえに、自ら検閲までおこなったイケアに対して、このギャラリーは忠実だった。当然ながら、イケアはこの展示会に関して責任を負う立場だったわけではないが、このギャラリーが意図的にイケアの意思を汲んでいたのかどうかは問う必要がある。

この展示会は、イケアと一定の距離をとることも、独立した立場を保つこともしなかった。イケアへの批判（たとえば、盗用に関する告発など）については敬意を込めた言葉遣いで説明し、カンプラードが若いころにスウェーデンの超国粋主義者（ナチズム／ファシズム）の運動に賛同していたというスキャンダル［二〇〇ページ参照］（原注11）も、展示カタログにおいて二行ほど触れたのみで、とくに咎めたりはしていない。

同じく二〇〇九年に、ミュンヘンの美術館「ピナコテーク・デア・モデルネ」(3)において「デモクラティック・デザイン」と題された展示会が開催されている。ストックホルムでの展示会と同じく、これも一九五〇年代以降のイケア商品の一部を展示するものであった。「デモクラティック・デザイン」というタイトルは、イケアが大量に備蓄してきたスローガンのなかの一つであり、社会問題に関心を寄せるイケアのデザイン理念を表している。この展覧会と

(3)（Pinakothek der Moderne）二〇〇二年に開館。現代美術・グラフィックアート・建築・デザインの四分野からなる。

連動して出版された『デモクラティック・デザイン――イケア　人間のための家具』（二〇〇九年）は、ドイツのジャーナリストであるハイナー・ウーバー［Heiner Uber］がイケアの依頼を受けて著したもので、この美術館とドイツ国内のイケアストアで販売された。（原注12）

多くの企業は、過去との向き合い方に大きな注意を払っている。そこには、ブランドに関する物語も含まれる。本や展示会はマーケティング戦略の一部であり、なかには自らの過去を保存するためにミュージアムを立ち上げる企業さえある。イケアも、マーケティング戦略の一環としてそれを実行に移した。エルムフルトにミュージアムを設立したのである。（原注13）（4）

イケアの歴史が他者によってビジネスとは関係なく語られるようになっている現在、これはきわめて効果的である。企業の物語は、メディアや出版物、展示会で紹介されるたびに、正当性、信頼性、ステータスを獲得していく。一九五二年にニューヨーク近代美術館（ＭｏＭＡ）で開催されたオリベッティ社［二一一ページ参照］の展示会は、その最初の例である。

イケアの成功には数多くの要因があるが、社内においても社外に対しても、物語が重要な役割を果たしていることはまちがいない。ただし、自ら物語を語るだけでは、このような強力なマーケティング効果が生み出されることはなかっただろう。なぜイケアの物語がこれほどに説得力をもつのか、なぜこれほどの成功を収めることができたのかを問う必要がある。

まず重要なのは、イケアの物語は、すべて成功と幸運についての物語であるということだ。だが、そのような企業はほかにもたくさんある。イケアの物語が他と異なっているのは、この物語が主要な二つのテーマ、すなわち「社会的責任」と「スウェーデンらしさ」を軸に構成されていること、そしてこの二つのテーマが、時に絡まり合いながら何度も繰り返し語られてきたことにある。

イケアは、低価格であることを、社会的熱意、イデオロギー的熱意と関連づけている。イケアが語る歴史のなかでは、すべての人に美しい住まいを提供したいという創業者の願いが重要な位置を占めている。この理念はイケアの業務全体に浸透しており、イケア神話のなかにも「社会的責任」という観念が網の目のように張りめぐらされている。

価格が安く設定されているのは、美しい住まいを手に入れる機会をつくり出すことによって、大多数の人々の日常生活をより快適なものにしたい、というビジョンがあるからだ。ストックホルムで開催された「リリエバルクスのイケア」展のカタログは、カンプラードによるマニフェストのような言葉で結ばれている。

「私たちには重要な任務があります。たくさんの人々が、私たちを必要としているのです！」(原注14)

（4）企業ミュージアムの他の例については、二七四ページの原注（13）を参照。

イケアは価格を安くすることそのものを目指しているのではなく、自らに課した任務を遂行するために低価格を追求しているかのように見える。イケアは利益追求を第一に考えるような企業ではないというメッセージが、世界に向けて発信されている。社会的責任、そして人々の基本的ニーズに応えたいという思いが、イケアの原動力になっているというわけだ。

利他的な組織としてのイケアの自己認識は、とくに創業物語にはっきりと表れているが、他のところにも繰り返し登場する。また、ブランドそのものと一体化したイメージをもつカンプラードは、こうした観念を体現する存在である。

カンプラードの行動、態度、性格に関しては、イケアの内部でも、世間一般においても、あまりにも追従的なストーリーが数多く流布している。会社が直面した問題に対する鮮やかな対処、優れたマネジメントスキル、慎み深い性格や質素なライフスタイルなど、あらゆることが語られている。また、イケアが掲げるマントラはコスト意識にも表れている。創業者やオーナーを含むすべての従業員が節約に努めているのは、顧客の利益のためなのだ。

カンプラードは公式にはすでにイケアの仕事から引退しているが、彼の存在は象徴として今でも重要で、カンプラードの覇権がイケアの企業文化の軸になっているとも言える。創業物語では、イケアストアと創業者は一体のものとして語られ、カンプラードの性格はイケアの性格とほぼ重なっている。カンプラード個人がもつ倹約精神が、資源を無駄にせず低価格を「売り」にする会社の象徴となっている。イケアでは、少しの無駄も許されない。イケアには社会的責任があると自ら公言しているからだ。

一般的に、カンプラードは正直者で親しみやすく、人間味のある人物として描かれている。顧客の利益を第一に考える、謙虚で親切な男といったところだ。こうした描かれ方は長らく変わっておらず、同じような内容が決まった言い回しで繰り返されてきた。要するに、標準的な回答のレパートリーが用意されているのである。

こう考えると、私たちが受け取るカンプラードのイメージは、途端に人間味がないもの、ニュアンスを欠いたものとなる。カンプラードは、解釈の仕方は私が決めると言い張る演出家のようでもある。つまり、芝居の脚本を書き、自ら主役を演じているのだ。

イケアは、自らの社会的責任とイデオロギー的な信念を現代的なモットーに言い換えて強調してきた。かつて、よく知られた「家庭の美」「より美しい日用品」などのスローガンは、イケアが自ら生み出した「万人のためのデザイン」「デモクラティック・デザイン」といったキャッチフレーズに置き換えられている。(原注15)

二〇世紀初頭には、住宅不足を解消し生活環境を改善するために、合理的な大量生産が必要だと主張する人々がたくさんいた。(5) そして、こうした主張が民主主義や社会発展ともつながっていた。たとえば、バウハウスのデザイナーたちは、自らがデザインした商品を大量生産することを望んでいた。だが、思うようには進まず、商品は数年間にわたって試作品のまま留め置かれ、なかなか製造には至らなかった。(原注16)

イケアもまた、政治的にも社会的にも革新的であると自負しており、自らのビジョンを伝えるだけでなく、そのビジョンを実現しようとしている。モダニズムの先駆者たちは、すべての人々が住まいやインテリアを手に入れられるようになることを夢見た。イケアは、それを現実のものとしたのである。

この一〇年ほどの間、イケアは自らの社会的責任を強調するために倫理ガイドラインを重視してきた。とくに、納入業者を選定する際にはそれが顕著である。また、世界自然保護基金(WWF)や赤十字、ユニセフといった組織との協力関係を公表したり、多様性やエスニシティといった問題への意識や取り組みを強調したりもしている。イケアは政治的に公正な企業、共感的な企業、社会的責任を負う企業として際立った存在感を見せている。

イケアは自分自身を、社会的意識の高い、献身的な企業であると見なしている。こうした自己像は、マーケティングにおいてスウェーデンらしさを強調していることとも適合的である。スウェーデンは、進歩主義的な価値観をもつ国、社会民主主義的な福祉政策を進めてきた国、モダニズムのデザインを幅広く支持してきた国として知られている。他方イケアは、スウェーデン的な社会的責任感に立脚して成長してきた現代的企業であると考えられている。イケアは、スウェーデンの福祉政策と同様の価値観、理念、原則を掲げ、連帯、公正、平等を重視しながら業務を遂行していると言っている。イケアとスウェーデン福祉政策は、このきわめてシンプルなモデルを共有しているかのようだ。

だが、イケアが掲げるスウェーデンらしさには、社会的意識にかかわるもの以外にもさまざまな要素が含まれている。イケアが用いるナショナル・マーカーは、必ずしも社会的責任を連想させるようなものばかりではない。なかでも目立っているのは、「青と黄色の言語」とでも言うべきもの、すなわちナショナル・カラーを多用していることである。青と黄色のロゴタイプ、青と黄色のストア外観のほか、ミートボール、北欧的な響きをもつ商品名などもそうだ。さらに、イケアは従業員に対して、率直であること、平等な態度で控えめに振る舞うことを指導しているが、こうした資質もスウェーデンらしさの典型であるとされている。

イケアがスモーランドの田舎で生まれたことを強調するのも、同様の規則性によるものだ。カンプラードがスモーランド出身であるということは、一種の美徳と見なされるようになっている。また、スモーランドの住民には、生き延びるためにかぎられた資源を工夫し、懸命に努力しなけ

(5)　(Bauhaus)　ドイツ工作連盟に参加していたヴァルター・グロピウス（Walter Gropius, 1883～1969）が、一九一九年にドイツ・ワイマールに開いた造形学校。工業社会に対応する造形文化の創造を目指すとともに、次世代育成のための教育理論を模索した。

ればならない人々というイメージが定着し、それがスモーランド住民の自己イメージの一部にも反映されている。イケアによるスウェーデン、スウェーデン人、スモーランド人の定義は、かつて民族学の研究者が人々の多様な気質や本来的特性を説明しようとした際に用いたやり方を彷彿とさせる。

イケアの物語で描かれるスウェーデンは、進歩主義的な近代福祉国家である一方で、ヨーロッパの周縁に位置するのどかな田舎でもある。赤く塗られた小屋の写真、雪に覆われた風景、森の中の苔むした岩、美しい湖、細く伸びるカバノキ、そして牧歌的な田舎の農場、といったイメージが頻繁に登場する。これらはすべて、肯定的な価値を付与された古典的なナショナル・マーカーであり、外国の人々から見れば異国情緒あふれるものである。青と黄色の要素も、ロマンチックな自然のイメージも、イケアが掲げる社会的責任や政治的役割といった観念と結び付くものではない。だが、イケアが営利企業であるという事実を目立たなくさせることに役立っている。

イケアが発信してきた「社会的責任」や「スウェーデンらしさ」をめぐるイメージは、ビジネスの成功に大きく貢献してきた。マーケティングにおいては、イケアの存在感を高めるために、イデオロギーや政治的理念、ナショナル・マーカーに合わせた言葉が選ばれている。イケアの物語は「社会的責任」や「スウェーデンらしさ」といった要素をうまくアピールしてきたわけだが、このことについては、現代消費社会との関係をふまえて理解する必要があるだろう。

魅惑的なインテリア

先に挙げたゾラの小説『ボヌール・デ・ダム百貨店』において、百貨店の経営者オクターヴ・ムーレは、客の不合理性につけこんで利益を得ようと試みる。客が衝動買いをするように、誘惑に屈するように、行くつもりがなかった売り場に行ってしまうように仕向ける。ムーレの狙いは、客が理性的に振る舞うことを阻止することだ。客をそそのかし、まったく必要のないものや、それまで不足を感じていなかったものを購入させようとする。要するに、ムーレは客を力づくで屈服させようとしているのである。

広告業界においては、二〇世紀がはじまったころにはすでに、人々の常識に訴えるのは無意味であることが認識されていた。(原注17) 広告業界の重要人物であるエドワード・バーネイズは、(6) 人々は衝動、習性、情緒で動くものであり、厳密には自分の頭で思考しているのではないと主張した。(原注18)

彼が想定していたのは、彼の叔父であるジークムント・フロイトが関心を寄せていたような(7)

（6）（Edward Bernays, 1891～1995）オーストリア出身、アメリカの広告業界で活躍した。ＰＲ（パブリック・リレーションズ）の先駆者として知られる。

人々だ。すなわち、衝動に突き動かされる不合理な人々である。のちに大きく成長した消費文化においては、こうした人々が非常に重要な部分を占めるようになった。(原注19)

数十年後、ジョルジュ・ペレック(8)が、モノを買うことに取り憑かれた若いカップル、シルヴィとジェロームの物語を描いた。彼の小説『物の時代』（一九六五年）では、このカップルのインテリアへの切望が、収入に見合わないほどに加熱していくさまが論じられている。(原注20)シルヴィとジェロームは、完璧な住まいをつくりあげることを夢想する。だが、そうするほどに二人の世界は空虚になっていく。この小説は、商品の物心崇拝に関するネオマルクス主義の理論を見事に説明するもので、左翼の運動家たちの間ではカルト的な存在になった（ただし、当時の解釈には若干堅苦しいところがあったのだが）。

ペレックは、決して風刺を描こうとしたのではない。また、消費社会を完全にはねつけようとしているわけでもない。彼が発しているメッセージは多義的だ。高価な買い物は確かに二人を不幸にしたが、彼らに安らぎと目的意識を与え、心に空いていた穴を埋めた。作者は二人の願望や空想を社会学的に分析しているわけではなく、皮肉を込めて描いているわけでもないが、それがかえって彼らを愚かに見せている。しかし、だからといって、彼らの夢が真実でないとか本物でないということにはならない。

ペレックによる消費主義の描写は、今なお現実味があり重要である。人々は、理想の住まいをただ夢想しているわけではない。家具店に展示されている選び抜かれたインテリアが私たちを誘惑し、買いたい気持ちを掻き立てているのだ。イケアストアに来店する客は、ほとんど全員がこのことを経験している。

消費とは、単に基本的ニーズを満たすということだけを指すのではない。この考え方は、西洋社会における市場経済の基本である。願望や誘惑、憧れといったものが、消費を左右している。また、アメリカのデザイナーであるバーバラ・クルーガー［Barbara Kruger, 1945～］が述べているように、消費はアイデンティティの構築にも関与する。彼女によれば、今やアイデンティティの中心をなしているのは消費と消費社会である。デカルト[9]の有名な格言を批判的にパラフレーズして、彼女はこう述べている。[原注21]

「私は買う。ゆえにわれあり」

近代社会における商業化の急速な進展は、合理化や享楽主義と関連づけて論じられてきた。私

（7）（Sigmund Freud, 1856～1939）オーストリアの精神医学者。人々を突き動かす衝動を潜在意識の働きによるものとする考え方を提唱し、精神分析を創始した。

（8）（Georges Perec, 1936～1982）フランスの作家。実験的文学に挑戦する作家集団「ウリポ」に参加していた。

（9）（René Descartes, 1596～1650）フランスの哲学者。「近世哲学の祖」として知られる。

たちがモノを消費する理由については、数えきれないほど多くの説明が示されているし、消費文化への理論的な関心も高まっている。[原注22] それをきわめて単純化するならば、理論的な観点は二つある。

まず、商品が大量生産されるようになったことで、かつてないほど多くの人々がモノを買えるようになった。これによって、「贅沢の民主化」ともいうべき消費文化が登場した。「ショッピング」は今や、能動的な行為、有意義な行為、アイデンティティを生成するための行為であると見なされている。商品を選び購入することは、自己実現や創造性につながるもの、自らを解放し自由にするものとなった。

他方、消費とは、人を操ったり誘惑したりするものであるとも言える。[原注23] 消費が私たちを惑わしているという考え方は新しいものではない。[10] 市場の力が人々をコントロールしようとしていることは自明である。テオドール・アドルノとマックス・ホルクハイマー[11]が大量生産を激しく敵視していたことは、その古典的な例だと言えるだろう。彼らは文化産業に関する著名な論文において、大量生産は選択の自由という幻想をもたらしたが、実際には人々を受動的にしてしまったと主張した。

批判的な観点から見れば、資本主義システムは新しいニーズを、正確に言えば偽物のニーズを生み出したと言える。私たちは、自分が何を欲しているかを分かっていると考えている。だが、私たちは誘惑にさらされている。そして本当の問題は、私たちは誘惑されたがっているということだ。アドルノとホルクハイマーによれば、（原注24）私たちはまちがった夢を見ている。そして、文化の本当の価値が崩壊しようとしているという。

では、何が本物で何が虚偽なのか。また、何が文化的、倫理的に価値あるものなのか。それをどのように、誰が決めるのか。こういったことを問う必要がある。

西洋世界の豊かな社会では、市場は絶えず新しいものを売りに出さなくてはならない。実際のニーズを満たすものではなくても、新しいということ自体が人を惹き付ける。現代の消費文化を、飽くことのない欲望が広く行きわたった状態と捉えることもできる。

私たち人間は、新商品に対する必要や欲求の感覚を絶えず察知する能力をもっており、その能力が飽くことのない欲望を生み出している。実際のところ、消費者が求めているのは商品そのものではなく、その商品によって得られるであろう満足感や喜びである。消費とは、はっきりとしたニーズを満たすことではなく、漠然とした憧れや、別の誰かになりたいという願望を満たすことなのである。

（10）（Theodor W. Adorno, 1903～1969）ドイツの哲学者、社会学者。フランクフルト学派を代表する思想家。
（11）（Max Horkheimer, 1895～1973）ドイツの哲学者、社会学者。アドルノとの共著『啓蒙の弁証法』で知られる。

だが、モノを購入したとしても、私たちの渇望は決して満たされることはない。欲しいものは次々と移り変わり、更新されていくからだ。このように考えると、人々の生活は消費を中心に回っていると言える。あるいは、消費が存在目的の一つになったと言ってもいいだろう。(原注25)

豊かな国では、物質的なニーズはほぼ満たされている。人々がすでに所有している衣服、家具、日用品はそう簡単に壊れるものではないため、それによって消費が促されることはない。それゆえ、目新しい価値や外見、体裁、パッケージなどが市場における競争の中心となる。需要を刺激したり新たに生み出したりするためにはリニューアルが欠かせない。ドイツの哲学者ヴォルフガング・フリッツ・ハウグ〔Wolfgang Fritz Haug〕の概念を借りれば、魅惑的な外見を保つには定期的な交換が必要なのである。(原注26)

製品は常に生産され消費されているが、それは現実のニーズに対応しているわけではない。加えて、消費者の側から批判的に見るならば、資本主義システムは人々を疎外していると言える。私たちは、自ら生産し消費する商品から疎外されているだけでなく、自分自身の経験、感情、願望からも疎外されているのだ。フランスの著述家・映画作家のギー・ドゥボール〔Guy Debord, 1931～1994〕は、それを「スペクタクルの社会」と呼んだ。(原注27)そこでは、人生の価値は商品を通じてしか伝えることができず、商品の交換価値がその行方を決める。

戦後、生産社会から消費社会への急速な変化によって、能動的な市民はアイデンティティを求める消費者へと変容したと言ってよい。そのような社会では、人々は何よりもまず消費者であり、消費を通じて自らのアイデンティティを構築する。自我が商品と結合し、商品を選ぶことによってアイデンティティが確立される。社会学者ジグムント・バウマン［Zygmunt Bauman］が述べているように、現代の人々はかつてないほどに自由であるが、同時に消費者の役割を強制され、想像上の、あるいは強いられたニーズをもたされている。なんとも逆説的だ。(原注28)

つまり、人々は自分で思っているほど自由なわけではないのだ。消費社会は私たちの意識を植民地化しており、自らの意志で大量消費のライフスタイルを選び取ったのだと信じ込ませている。だが実際は、それは自らの意志ではない。そうすることが義務であり美徳であるということにされているのだ。買い物をしたり、新しい商品や新しい関係、新しいインテリアデザイン、新しいアイデンティティを手に入れたりすれば、加速度的に成長が促されることにはなる。だが、そこから得られる満足は短期的なものでしかない。(原注29)

言うまでもなく、イケアのビジネス戦略は消費主義のイデオロギーに立脚している。そして、イケアが大量消費の象徴と見なされていることも理解に難くない。そのことを示唆する例として、アメリカの小説家チャック・パラニューク［Chuck Palahniuk, 1962～］の小説『ファイト・クラブ』（一九九六年）、およびこの本を原作として一九九九年に公開された同名の映画が挙げられる。両作品は、消費することによって喜びやアイデンティティが得られ、自己実現ができるという誤った期待に人々がいかに囚われているかを描き出し、イケアの買い物文化に鋭く切り込んでいる(原注30)。

「イケア・ボーイ」と呼ばれる主人公は、「以前はポルノ雑誌を手に便器に腰を下ろしていたであろう人々がいまトイレに持って入るのは、イケアのカタログだ」(原注31)と言う。消費はアイデンティティやアイデンティティ構築と同一視されている。「イケア・ボーイ」は自らに問いかける。「カタログのページをめくりながら、ぼくは考える。どんなダイニングセットがぼくに相応しいのか」(原注32)

　そして、彼の住んでいたアパートで爆発が起こったときには、「家具の一つ一つが気に入っていました。あれがぼくの人生だったんです。ランプ、椅子、ラグ、すべてがぼくだった。食器棚にあった皿がぼくだった。観葉植物がぼくだった。テレビがぼくだった。吹き飛んだのはぼく自身なんです(原注33)」と言うのである。

　イケアが消費主義の倫理を象徴するものとなったことは、美術界においても明らかだ。アーティストたちは、相次いでイケアストア、イケア商品に注目するようになっている。なかにはイケアを肯定的に見ているアーティストもいるが、声高に批判するアーティストもいる(原注34)。クレイ・ケッター(12)の作品には、イケアのアイテム、とりわけ本棚「ビリー」を用いて構成されているものがいくつかある。彼の目的は、イケアとモダニズムの先駆者たちとの間の違いを示すことだ。かつてバウハウスで活躍したデザイナーたちは、素材の選択にかなりの努力を払っていたが、イケアデザインは採算を取ること、売り上げを増やすことに力を注いでいるとケッターは言う。(原注35)

スウェーデンのデザイナーであるアンダシュ・ヤコブセン［Anders Jakobsen, 1972〜］もまた、自身の作品にイケア商品を用いている［一八七ページの写真参照］。大量生産品をバラバラに分解し、新しくユニークなモノをつくり出すのだ。たとえば、キッチン用のザル、皿洗いブラシ、小ランプを大量に組み合わせることによって、彼は壮大なランプを創作している。そして、イケアの大量生産品を材料にした作品にはささやかな批判も込められている。

「ぼくはイケアの合理性を逆手に取っているんです。消費をハイジャックしていると表現してもいいでしょう(原注36)」

＊　＊　＊

(12)　(Clay Ketter, 1961〜)　アメリカ出身でスウェーデン在住のアーティスト。日常的な素材を用いた絵画や彫刻を発表している。

イケアは好感度が高い。イケアストアには安価な日用品が幅広く揃えられ、よく考えられた実用的なインテリアの提案が人々の共感を呼んでいる。よく整えられた住まい、より美しく心地よい住まいをつくりあげるのを、イケアは助けてくれる。

イケアが、憧れや願望、夢といった消費イデオロギーの原動力を利用してきたのは、至極当然のことだ。すでに述べたように、消費文化はイケアストアの存在の根本的な前提条件である。その目的は、できるだけ多くの商品を売ること、客が近いうちに再び来店するようにすること、その後も定期的に来るようにすることにある。客がイケアに行く目的は、決して必需品を買うためだけではない。

問題は、イケアがそれとはまったく異なる動機をもっているかのように装っているという事実にある。イケアは、自らを消費文化の一部として示すことはしない。むしろ、社会的責任と善意を示すことで自らを正当化している。そして、イケアは利益追求のために動いているのではないというイメージを振りまいている。

もちろん、実利的な目的のためだけに社会的責任や使命が強調されていると断言することはできない。だが、こうした問題を取り上げることそのものに意味がある。あまり知られていない側面があるということは、表の顔と実際の状況との間にギャップがあることの証拠である。

イケアの表の顔には「社会的責任」というパーツが欠かせない。この言葉は社内でもよく用いられるが、社内で語られている物語では、これと混ざり合う形で一般的な利益追求のエピソードも大きく取り上げられている。

イケアの目的は、「客を絶対に手ぶらで帰すな」(原注37)という言葉にはっきりと示されている。また、イケアストアは「優秀な人材を配した、実に効果的なセールスの仕組み」(原注38)でなければならない。その狙いは、ストアへの訪問者を即座に消費者に変え、滞在中にできるだけ多くの商品を買わせることにある。(原注39)「訪問者を刺激して、来店前には意識していなかったニーズに気付かせ、買いたいという気にさせる」のだ。

外から見るかぎりでは、イケアはよくあるような多国籍企業ではない。イケアは、自らを純スウェーデン産の企業、親しみのある企業に見せようと努めてきた。カンプラードは、自分が金持ちになっていないというのは本当のことで、系列事業の大部分は独立した財団に移譲した、と何度も繰り返し述べてきた。

イケアが高度なオーナーシップ体制とマネジメント構造に組み込まれているということは、すでに明らかにされている。グローバル企業が複雑な経済構造をもつことは、決して珍しくはない。だが、イケアの場合は、他の多国籍企業とはまったく違っているという印象があまねく行きわたっている。複雑な財政システムが構築されていることが明らかとなった現在では、理想的組織としてのイケア像、居心地のよい家族的な企業としてのイケア像は、ビジネス上のイメージ戦略の一部だったのではないかと思える。

ここまで見てきたように、イケアの表の顔と実際の状況との間には食い違っている点がある。イケアの社会的な物語の出発点が、今や時代遅れになっていると言えるだろう。イケアが用いているモダニズム的なスローガンやモットーは、現在とは異なる状況下で形成されたものである。そのレトリックは、時代の産物であったと考えるべきだ。もちろん、当時の住宅不足や、現在よりも物価水準が低かったことなども考慮に入れねばならない。

二〇世紀前半には「美の民主化」と言いうるものへの要求もあった。住居や家具をめぐる問題は合理的な大量生産によって解決できる、と多くの人が考えていた。もちろん、社会的、民主的な動機とは異なるものも存在していた。その後の時代、その他の文脈に関しても同じようなことが言えるだろう。つまり、イケアのレトリックと実際のニーズの間には一種の時代錯誤があるのである。

イケアは、安価な（少なくとも、西洋世界の多くの人々にとっては安価な）家具と家庭用品を売っている。しかし、低価格であるからといって、それが社会的意識によって支えられているとはかぎらないし、イデオロギー的な信念に突き動かされているともかぎらない。社会的責任について語るイケアの物語は、魅力的なレトリックを商業的に利用している例として見ることもできる。

会社のスローガンとして人目を引くキャッチフレーズが掲げられ、それが企業の特質を語る重要なツールとなり、マーケティング戦略の中心を担ってきた。そこには、デモクラシーといった明確な観念も含まれている。

一般的にデモクラシーとは、人々が自由選挙を通じて権力を行使すること、言論の自由、法による救済を受ける権利、政治目的のためにデモをおこなう権利など、一定の自由と権利が保護されることを前提とする概念である。他方、イケアが言うデモクラシーは、低価格であること、消費の可能性を広げることを意味している。しかし、低価格であることは絶対的な善であるとは言えない。極端な低価格は、人々を過剰消費に走らせることもある。

イケアのような企業が登場したことによって、家具や家庭用品の消費は大幅に拡大した。家具を購入し、廃棄するペースが速くなった。生活に必要なものが購入されているのではない。古いものが新しいものに、短い間隔で置き換えられている。商品の生命は短く、持続可能性や環境への配慮にかかわる問題を生じさせている。実際のところ、低価格というのは幻想にすぎないのかもしれない。安価な商品を買い、すぐにまた別の安価な商品に買い替えているのなら、最終的には思った以上に高くついていることになるだろう(原注40)。

イケアが掲げてきたようなデモクラシーへの熱意や社会的使命は、イケアのルーツとアイデンティティがスウェーデンにあるということとつながっている。カンプラードは次のように述べている。

「私たちがスウェーデンのルーツを強調したいと思うのはなぜか。それは、スウェーデンらしさが私たちのデモクラティック・デザインを際立たせてくれるからです。スウェーデンで一九世紀末以降に発展してきた民主主義の理念は、イケアにとって重要です。イケアはみなさんのためにあるのですから」（原注41）

『リリエバルクスのイケア』（二〇〇九年）を執筆したスタファン・ベングツソン(13)は、この点にもう少し踏み込んで次のように主張している。

「イケアは、国家の政治プログラムと並走しながら、創業者のプロジェクトを実現することに力を尽くしてきた。大衆のためにあること。そのために、彼らが言うところのデモクラティック・デザインを生み出すこと。（中略）イデオロギーが砕け散り、レッドチップとブルーチップ(14)が混同されがちな現代において、コミュニティ形成を続けているのはイングヴァルと彼がつくったイケアだけだ」（原注42）

ベングツソンは、イケアがスウェーデンから社会福祉の先駆者としての役割を引き継いだこと、そして社会全体の課題に向き合う責任を引き受けてきたことを主張しているのだが、これに対しては、低価格でモノを売る会社に社会サービスの代わりができるのか、消費と社会形成とを比較することは可能なのか、といった問いが浮かぶ。

イケアが公言する自己イメージには、あらゆる形態のスウェーデンらしさが組み込まれている。しかし、実際のところイケアはどのくらいスウェーデンらしいのだろうか。スウェーデンのイメージは、どのくらい美化されてきたのだろうか。このイメージは、利益を上げるためのレトリックとどのくらい関係しているのだろうか。イケアはマーケティング戦略において、スウェーデン政府の福祉政策を絶賛してきたが、イケアが上げてきた利益はスウェーデンの福祉にどれくらい還元されているのだろうか。

イケアはこれまで、スウェーデン社会のプラスの面や、民主的で平等な福祉国家というイメージに自らを結び付けようとしてきた。「社会的責任」という言葉が用いられてきたのは、逆風のなかを進むためでもあった。より正確に言えば、この言葉を用いて、児童労働がおこなわれていたことや、過去にナチスに関与していたことなどをめぐる直接的な批判に立ち向かってきたのである。

おそらくイケアは、事業規模を拡大するためにスウェーデンを必要としたのだろう。あるいは、

(13)　(Staffan Bengtsson, 1955～)スウェーデンの著述家、映画監督。「リリエバルクスのイケア」展のキュレーターを務めた。

(14)　アメリカの株式市場で取引される優良株式銘柄のことを「ブルーチップ」と呼ぶ。レッドチップとはこれをもじったもので、中国傘下の香港企業の株式銘柄を指している。

少なくともスウェーデンの経済成長から利益を得たのであろう。当時、建設業界は上り調子で、人々の購買力も急速に伸びていた。しかし、こうしたつながりは、現在はどうなっているのだろうか。

イケアが必要としているのは、スウェーデンそのものではなく、スウェーデンと結び付いている観念である。社会保障、連帯、平等、壮大な自然といった価値を中心に構成されている、スウェーデン社会のイメージを求めているのだ。イケアが掲げるスウェーデン像が現実に即しているかどうかは、イケアにとってはたいして重要ではないように思われる。

すでに述べてきたとおり、イケアの企業文化にはスウェーデンと結び付いた数多くの価値が浸透している。イケアは従業員に敬意をもって接しているし、納入業者の従業員も含めて適切な労働環境が維持されるように努めており、その結果として平等が実現されている。イケアには、これらの点において進歩的な態度を保持してきたという自負がある。(原注43)

だが、イケアが他の企業に比べてよい企業なのかどうか、先見の明があるのかどうかにかかわらず、スウェーデンとスウェーデンデザインに関するイケアの物語はかなり時代遅れで、田園風景を美化してノスタルジックな思い出に浸っているだけだという批判も受けている。イケアのポリシーには多様性やエスニシティへの配慮が盛り込まれており、この点ではスウェーデンらしさがアップデートされていると言えるが、他の部分はかなり後れを取っており、論争の的になっている。

国民的なシンボルやイメージ、物語といったものは、ナショナル・アイデンティティの重要な要素である。人々をつないでいるのは、地理的な境界や遺伝的な同質性ではなく、共有されてきた歴史を語る物語や儀礼などだ。たいていの場合、国家の物語には偉大な祖国の形成をめぐる、輝かしい過去の記憶が含まれている。

スウェーデンの場合、福祉国家や「スウェーデンの道」がそうしたシンボルとなっている。フランスが共和国であることを自負しているように、スウェーデンはすべての人に行きわたった福祉を、国家の神話的な物語を誇っているのである。(原注44) しかし実際には、スウェーデン福祉国家が平穏だったことはこれまで一度としてない。大成功を収めた国というスウェーデンのイメージ、そしてモダニティの真の拠点としてのイメージにも疑問が投げかけられている。

イケアの物語は、イケア自身に関する近代スウェーデンの神話であるとも言える。一九九〇年代、スウェーデンはモデル国家から危機に瀕した福祉国家へと凋落した。このときイケアは多国籍企業として規模を拡大しつつあったが、振り返ってみれば、福祉国家への批判が強まるにつれて、イケアはスウェーデン福祉国家のイメージを強調するようになっていった。

イケアは自身のことを、グローバル企業ではなくスウェーデン企業であるとはっきりと表明している。つまり、自身の物語を通じて、自らを差別化してきたということである。イケアは、自らが描く自己イメージに合わせて独自のスウェーデン物語を構築してきた。いわば、イケアのナショナル・アイデンティティはスウェーデンの通貨と交換可能なのである。

スウェーデン政府のほうも、ナショナル・アイデンティティを再生するためにイケアとイケア物語を利用してきた。イケアと同じようにスウェーデンもまた、国際舞台で自らの存在感を確立しようとしている一ブランドである。政府がしきりにイケアにスポットを当てようとするのは、成功は成功を呼ぶ、と確信しているからだ。

イケアはスウェーデンのイメージをマーケティングに利用し、スウェーデンもまたイケアを利用している。まるで、イケアという企業とスウェーデンという国が、双方に有利な共生関係を結んでいるかのようである。両ブランドには共通する特徴があり、スウェーデン国家とスウェーデンデザインに関するステレオタイプなイメージを、二つの物語が互いに裏付け合っている。つまり、両者は互恵関係にあるのだ。

イケアの物語では、革新的で先駆的な企業であるという自己イメージも示されている。こうしたイメージについても同じように問うことが可能だ。イケアの問題処理能力には定評があり、イケア独自のやり方についての評価も高い。それは価格を下げるための絶えざる努力の結果であり、イケアが革新的であることに疑いの余地はない。

だが、それは必ずしもイケア自身が主張しているような意味での革新性ではない。イケアの物語では、事実が脚色され美化されている。創造性や先駆性とは、本来、伝統に立脚してコンセプトを発展させることを意味するものだ。

イケアはコンセプトを商業的に発展させることに長《た》けている。フラットパックの導入から、ストアやカタログにおける商品の演出に至るまで、あらゆることに成功している。しかし、イケアを成功に導いたのは商品展開や販売戦略のみではない。イケアの強みはマーケティングと企業文化にあり、その土台には「スウェーデンらしさ」や「社会的責任」を中心的要素とする物語がある。

ただし、それは当初からのものではない。一九五〇〜一九六〇年代には、イケア内部で「社会的責任」や「スウェーデンらしさ」に言及する者はほとんどいなかった。当時の商品名はスウェーデン的なものではなかったし、社名の表記も今のように大文字ではなく、ロゴタイプも黄色と青ではなかった。

イケアが大きく変化したのは、一九七〇年代から一九八〇年代にかけてである。このころから、「スウェーデンらしさ」というシンボルと「社会的な熱意」をめぐるレトリックが徐々に取り入れられた。イケアの物語の基盤は、『ある家具商人のテスタメント』（一九七六年）、および創業物語である『未来は可能性に満ちている』（一九八四年）を通じて固まった。「スウェーデンらしさ」と「社会的責任」が協議のうえ定式化されたのは、経済的に成功を収めて世界進出を果たしたのと同時期であった。

イケアが「家具業界のロビン・フッド」（裕福な人々から盗んだものを貧しい人々に与えるヒーロー）として国際舞台に登場したのは、一九八〇年代のことである。さらに、社会保障への関心を高め、スウェーデンの福祉政策に言及することが増えていったのは、一九九〇年代に入ってからであった。

現在、世界のほとんどの地域にイケアストアが存在している。マーケティングの基本原則と方針はすべてのストアで共通しているが、宣伝の仕方は国によって異なっている。また、イケアブランドがどのように受け止められているかも、当然ながら各国の文化に応じて異なる。だが、こうした違いがあるにもかかわらず、世界各地に共通しているのが「スウェーデンらしさ」と「社会的な熱意」を中心とする物語である。

ただし、これまで述べてきたとおり、イケアの物語がどの程度まで真実なのかということは、まったく別の話なのである。

謝辞

本書は、「スウェーデンのデザインとは？　一九八〇〜九〇年代におけるイケアの美学、『スウェーデンデザイン』とナショナルな神話の輸出（Svensk design? Om Ikeas estetik på 1980- och 90-talet, export av "svensk design" och nationella myter）」と題された研究プロジェクトの成果の一部である。このプロジェクトには、スウェーデン中央銀行の「人文社会科学のためのスウェーデン基金（the Swedish Foundation for Humanities and Social Sciences）」が助成金を支給してくれた。また、トシュテン・セーデルベリィ財団（Torsten Söderbergs Stiftelse）、エストリッド・エリクソン財団（Estrid Ericson Stiftelse）、オーケ・ヴィーベリィ財団（Åke Wibergs Stiftelse）、サン・ミッシェル財団（Stiftelsen San Michele）からも経済的な支援を受けた。原稿を吟味し貴重なコメントをくれたキム・サロモン（Kim Salomon）氏にも御礼を言いたい。

Magazine, University of Southern California, Issue 2, 2009.
- Wästberg, O., 'The Lagging Brand of Sweden,' in Almqvist, K. & Linklater, A. (eds.), *Images of Sweden*, Stockholm: Axel and Margaret Ax:son Johnson Foundation, 2011.
- Zetterlund, C., *Design i informationsåldern. Om strategisk design, historia och praktik*, diss., Stockholm: Raster, 2002.
- Zetterström, J., 'Hjärnorna bakom SAS nya ansikte,' *Dagens industri*, May 21, 2001.
- Zola, E., *The Ladies' Paradise*, Oxford: Oxford University Press, 2012. [エミール・ゾラ／吉田典子訳『ボヌール・デ・ダム百貨店——デパートの誕生』藤原書店、2004年]
- Åsbrink, E., *Och i Wienerwald står träden kvar*, Stockholm: Natur & Kultur, 2012.
- *Översyn av myndighetsstrukturen för Sverige-, handels- och investeringsfrämjande*, Departementserie 2011: 29, Utrikesdepartementet, Government Offices of Sweden.

2004:17, Näringsdepartementet, Government Offices of Sweden.
・Uber, H., *Democratic Design: IKEA—Möbel für die menscheit, 2009*, Exhibition Catalogue: Neue Sammlung, Pinakothek der Moderne, IKEA Deutschland GmbH & Company KG, 2009.
・van Belleghen, S., *The Conversation Company. Boost Your Business Through Culture, People & Social Media*, London: Kogan Page, 2012.
・van Ham, P., 'The Rise of the Brand State,' Council of Foreign Relations, *Foreign Affairs*, September / October, 2001. ［ピーター・ヴァン・ハム「ブランド国家の台頭」『論座』2002年４月号、朝日新聞社、288～294頁］
・Vinterhed, K., *Gustav Jonsson på Skå. En epok i svensk barnavård*, diss., Stockholm: Tiden, 1977.
・*Wallpaper*, 'Design guide Stockholm,' No.11, 1998.
・Werner, J., *Medelvägens estetik. Sverigebilder i USA Del 1*, Hedemora/Möklinta: Gidlunds, 2008（1）.
・Werner, J., *Medelvägens estetik. Sverigebilder i USA Del 2*, Hedemora/Möklinta: Gidlunds, 2008（2）.
・Werther, C., 'Cool Britannia, the Millennium Dome and the 2012 Olympics,' *Moderna Språk*, 11, 2011.
・Wickman, K., *IKEA PS. Forum för design*, Älmhult, IKEA of Sweden, 1995.
・Wickman, K., 'A Furniture Store for Everyone' in Bengtsson, S.（ed.）, *IKEA at Liljevalchs*, Stockholm: Liljevalchs konsthall, 2009.
・Wigerfeldt, A., *Mångfald och svenskhet: en paradox inom IKEA*, Malmö Institute för Studies of Migration, Diversity and Welfare（MIM）, Malmö University, 2012.
・Williams, R., *Dream Worlds. Mass Consumption in Late Nineteenth-Century France*, Berkeley: University of California Press, 1991［1982］.［ロザリンド・H・ウィリアムズ／吉田典子・田村真理訳『夢の消費革命——パリ万博と大衆消費の興隆』工作舎、1996年］
・Wilson, E., *Adorned in Dreams. Fashion and Modernity*, London: Virago, 1985.
・Wästberg, O., 'The Symbiosis of Sweden & IKEA,' *Public Diplomacy*

Stockholm: Gedin, 1998.
・Sjöholm, G., 'Fördjupar bilden av Kamprads engagemang,' *Svenska Dagbladet*, August 24, 2011.
・Snidare, U., 'Han möblerar världens rum,' 23/33, *VI*, 1993.
・Sommar, I., 'Reklam eller konst?,' *Sydsvenskan*, June 16, 2009.
・Sparke, P., *An Introduction to Design and Culture. 1900 to the Present*, London: Routledge, 2004.
・Stahre, U., 'Drömkonst för alla,' *Aftonbladet*, June 18, 2009.
・Stavenow-Hidemark, E., 'IKEA satsar på svenskt 1700-tal,' *Hemslöjden*, 5, 1993.
・Stenebo, J., *Sanningen om IKEA*, Västerås: ICA Bokförlag, 2009.
・Strannegård, L., 'Med uppdrag att berätta' i Dahlvig, A., *Med uppdrag att växa. Om ansvarsfullt företagande*, Lund: Studentlitteratur, 2011.
・Sundbärg, G., *Det svenska folklynnet*, Stockholm: Norstedts, 1911.
・*Svenska Dagbladet*, 'Kamprad medger stiftelse utomlands,' January 26, 2011.
・*Svenska folkets möbelminnen*, Ödåkra: IKEA, Inter IKEA Systems B.V., 2008.
・*Svenskt 1700-tal på IKEA i samarbete med Riksantikvarieämbetet*, Älmhult: Inter IKEA Systems/ Riksantikvarieämbetet, 1993.
・Svensson, P., 'Striden om historien. Historieätarna,' *Magasinet Arena*, 1 ,2013.
・Swanberg, L. K., 'Ingvar Kamprad. Patriarken som älskar att kramas,' *Family Magazine*, 2, 1998.
・Thiberg, S., 'Dags att undvara. 1970-talet: Insikt om de ändliga resurserna,' i Wickman, K., *IKEA PS. Forum för design*, Älmhult, IKEA of Sweden, 1995.
・Torekull, B., *Historien om IKEA*, Stockholm: Wahlström & Widstrand, 2008 [1998]. [バッティル・トーレクル／楠野透子訳『イケアの挑戦――創業者は語る』ノルディック出版、2008年]
・Torekull, B., *Kamprads lilla gulblå. De bästa citaten från ett 85-årigt entreprenörskap*, Stockholm: Ekerlid, 2011.
・*Turistfrämjande för ökad tillväxt*, Statens offentliga utredningar, SOU

Expressen, February 21, 2011.
・Polite, O., ‘Global hissmusik på var mans vägg,’ *Dagens Nyheter*, October 23, 2004.
・Polster, B. (ed.), *Designdirectory Scandinavia*, London: Pavilion, 1999.
・Porter, M. E., ‘What is Strategy?’, *Harvard Business Review*, Boston: Harvard Business School, Nov–Dec, 1996.
・Rampell, L., *Designdarwinismen*™, Stockholm: Gábor Palotai Publisher, 2007.
・Robach, C. (red.), *Konceptdesign*, Stockholm: Nationalmuseum, 2005.
・Robach, C., *Formens frigörelse. Konsthantverk och design under debatt i 1960-talets Sverige*, diss., Stockholm: Arvinius, 2010.
・Rudberg, E., *Stockholmsutställningen 1930. Modernismens genombrott i svensk arkitektur*, Stockholm: Stockholmania, 1999.
・Ruppel Shell, E., *Cheap. The High Cost of Discount Culture*, New York: Penguin Press, 2009. [エレン・ラペル・シェル／楡井浩一訳『価格戦争は暴走する』筑摩書房、2010年]
・Salmon, C., *Storytelling. Bewitching the Modern Mind*, London: Verso Books, 2010 [2007].
・Salzer, M., *Identity Across Borders: A Study in the ‘IKEA-World,’* diss., Linköping: Univ., 1994.
・Salzer-Mörling, M., *Företag som kulturella uttryck*, Bjärred: Academia adacta, 1998.
・Salzer-Mörling, M., ‘Storytelling och varumärken’ i Christensen L. & Kempinsky P. (red.), *Att mobilisera för regional tillväxt*, Lund: Studentlitteratur, 2004.
・Sandomirskaja, I., ‘IKEA’s pererstrojka,’ *Moderna Tider*, November, 2000.
・Schroeder, J. E. & Salzer-Mörling, M. (eds.), *Brand Culture*, London: Routledge, 2006.
・Selkurt, C., ‘Design for a Democracy’ in Halén, W. & Wickman, K. (eds.), *Scandinavian Design Beyond the Myth. Fifty years of Design From the Nordic Countries*, Stockholm: Arvinius, 2003.
・Sjöberg, T., *Ingvar Kamprad och hans IKEA. En svensk saga*,

・Nacking, Å., 'Made Ready-Mades,' *Nu. The Nordic Art Review*, 2 (2), 2000.
・Nelson, K. E., *New Scandinavian Design*, San Francisco: Chronicle Books, 2004.
・Nietzsche, F., *The Use and Abuse of History*, New York: Cosimo, 2005 [1874].
・Nordlund, C., 'Att lära känna sitt land och sig själv. Aspekter på konstitueringen av det svenska nationallandskapet' i Eliasson, P. & Lisberg Jensen, E. (red.), *Naturens nytta*, Lund: Historiska Media, 2000.
・Normann, R. & Ramirez, R., 'Designing Interactive strategy. From Value Chain to Value Constallation,' *Harvard Business Review*, July, 1993.
・Nye, J., *Soft Power. The Means to Success in World Politics*, New York: Perseus Books, 2004. [ジョセフ・S・ナイ／山岡洋一訳『ソフト・パワー――21世紀国際政治を制する見えざる力』日本経済新聞社、2004年]
・O'Dell, T., 'Junctures of Swedishness. Reconsidering representations of the National,' *Ethnologia Scandinavica*, Lund: Folklivsarkivet, 1998.
・Olins, W., *Trading Identities: Why Countries and Companies are Taking on Each Others' Roles*, London: Foreign Policy Centre, 1999.
・Palahniuk, C., *Fight Club*, London: Vintage Books, 2006 [1997]. [チャック・パラニューク／池田真紀子訳『ファイト・クラブ』早川書房、1999年]
・Papanek, V., 'IKEA and the Future: A Personal View' in *Democratic Design*, 1995.
・Perec, G., *Les Choses. Une histoire des années soixante*, Paris: Julliard, 1990 [1965]. [ジョルジュ・ペレック／弓削三男訳『物の時代・小さなバイク』白水社、1978年]
・Persson, F., 'Ikeas platta försvar av straffarbete,' *Aftonbladet*, November 12, 2012.
・Petersson, M., *Identitetsföreställningar. Performance, normativitet och makt ombord på SAS och AirHoliday*, diss., Göteborgs universitet, Göteborg: Mara, 2003.
・Pettersson, T., 'Så spred IKEA den svenska köttbullen över världen,'

- Lundberg, U. & Tydén, M., 'In Search of the Swedish Model. Contested Historiography' in Mattsson, H. & Wallenstein, S.-O. (eds.), *Swedish Modernism. Architecture, Consumption and the Welfare State*, London: Black Dog, 2010.
- Löfgren, M., 'IKEA über alles,' *Dagens Nyheter*, August 30, 1998.
- Malik, N., 'No women please, we're Saudi Arabian Ikea,' *Guardian*, October 2, 2012.
- Mattsson, H. & Wallenstein, S.-O., *1930/1931. Den svenska modernismen vid vägskälet =Swedish Modernism at the Crossroads = Der Schwedische Modernismus am Scheideweg*, Stockholm: Axl Books, 2009.
- Mattsson, H., 'Designing the "Consumer in Infinity": The Swedish Cooperative Union's New Consumer Policy, c.1970,' in Fallan, K. (ed.), *Scandinavian Design. Alternative Histories*, Oxford: Berg, 2012.
- Mazur, J., *Die 'schwedische' Lösung: Eine kultursemiotisch orientierte Untersuchung der audiovisuellen Werbespots von IKEA in Deutschland*, diss., Uppsala: Department of Modern Languages, Uppsala University, 2012.
- McGuire, S., 'Shining Stockholm,' *Newsweek*, February 7, 2000.
- McLellan, H., 'Corporate Storytelling Perspectives,' *Journal for Quality & Participation*, 29 (1), 2006.
- Metzger, J., *I köttbullslandet: konstruktionen av svenskt och utländskt på det kulinariska fältet*, diss., Stockholm: Acta Universitatis Stockholmiensis, 2005.
- Miller, D. (ed.), *Acknowledging consumption. A Review of New Studies*, London: Routledge, 1995.
- Moilanen, T. & Rainisto, S., *How to Brand Nations, Cities and Destinations. A Planning Book for Place Branding*, Basingstoke: Palgrave Macmillan, 2009.
- Mollerup, P., *Marks of Excellence. The Function and Variety of Trademarks*, London: Phaidon, 1997.
- Mossberg, L. & Nissen Johansen, E., *Storytelling*, Lund: Studentlitteratur, 2006.

Stockholms kommun 1930-1980, diss., Stockholms universitet, Stockholm: Stockholmia, 2006.

· Larsson, L., *Varje människa är ett skåp*, Stockholm: Trevi, 1991.

· Larsson, O., Johansson, L. & Larsson, L.-O., *Smålands historia*, Lund: Historia Media, 2006.

· Leach, W., 'Strategist of Display and the Production of Desire' in Bronner, S. J. (ed.), *Consuming Visions. Accumulation and Display of Goods in America 1880-1920*, New York: W.W. Norton, cop. 1989.

· Lees-Maffei, G. & Houze, R. (eds.), *The Design History Reader*, Oxford: Berg Publishers, 2010.

· Lewenhagen, J., 'Ikea bekräftar: Politiska fångar användes i produktionen,' *Dagens Nyheter*, November 16, 2012.

· Lewis, E., *Great IKEA! A Brand for All the People*, London: Marshall Cavendish, 2008

· Lewis, R. W., *Absolut Book. The Absolut Vodka Advertising Story*, Boston, Mass: Journey Editions, 1996.

· Lind, I., 'Kamprad formar en ny världsmedelklass,' *Dagens Nyheter*, August 30, 1998.

· Lindberg, H., *Vastakohtien IKEA. IKEAn arvot ja mentaliteetti muuttuvassa ajassa ja ympäristössä*, diss., Jyväskylä: Jyväskylän yliopisto, 2006.

· Lindeborg, Å., *Socialdemokraterna skriver historia. Historieskrivning som ideologisk maktresurs 1892-2000*, diss., Stockholm: Atlas, 2001.

· Linker, K., *Love for Sale. The Words and Pictures of Barbara Kruger*, New York: Abrams, 1990.

· Londos, E., *Uppåt väggarna. En etnologisk studie av bildbruk*, diss., Stockholm: Carlsson/ Jönköping läns museum, 1993.

· Lowry Miller, K., Piore, A. & Theil, S., 'The Teflon Shield,' *Newsweek*, March 12, 137 (11), 2001.

· Lundberg, U. & Tydén, M. (red.), *Sverigebilder. Det nationellas betydelser i politik och vardag*, Stockholm: Institutet för Framtidsstudier, 2008.

· Lundberg, U. & Tydén, M., 'Stat och individ i svensk välfärdspolitisk historieskrivning,' *Arbejderhistoria*, 2, 2008.

- Karlsson, K.-G. & Zander, U. (eds.), *Historien är nu: En introduktion till historiedidaktiken*, Lund: Studentlitteratur, 2004.
- Kawamura, Y., *Fashion-ology. An Introduction to Fashion Studies*, Oxford: Berg, 2005.
- Key, E., *The Education of the Child* (reprinted from the authorized English translation of *The Century of the Child*; with introductory note by Edward Bok, New York: G.P. Putnam's Sons, 1912 [1909, 1900]. [エレン・ケイ/小野寺信・小野寺百合子訳『児童の世紀』冨山房、1979年]
- Key, E., 'Beauty in the Home' [1899] in Creagh, L., Kåberg, H. & Miller Lane, B. (eds.), *Modern Swedish Design. Three Founding Texts*, New York: Museum of Modern Art, 2008.
- Kicherer, S., *Olivetti. A Study of the Management of Corporate Design*, London: Trefoil, 1989.
- Kihlström, S., 'Ikea, Rörstrand och IT-företag har ställt ut,' *Dagens Nyheter*, January 24, 2007.
- Kristoffersson, S., *Memphis och den italienska antidesignrörelsen*, diss., Göteborg: Acta, Universitatis Gothoburgensis, 2003.
- Kristoffersson, S., 'Anders Jakobsen till skogs,' *Konstnären* , No. 2, 2006.
- Kristoffersson, S., 'Reklamavbrott i må gott-fabriken,' *Svenska Dagbladet*, June 10, 2009.
- Kristoffersson, S., 'Swedish Design History,' *Journal of Design History*, 24 (2), 2011.
- Kristoffersson, S., 'Under strecket. Designlandet Sverige fattigt på forskning,' *Svenska Dagbladet*, November 3, 2010.
- Kristoffersson, S., 'Svensk form och IKEA' i Andersson, J. & Östberg, K., *Sveriges historia 1965–2012*, Stockholm: Norstedts, 2013.
- Kristoffersson, S. & Zetterlund, C., 'A Historiography of Scandinavian Design' in Fallan, K. (ed.), *Scandinavian Design. Alternative Histories*, Oxford: Berg, 2012.
- Kåberg, H., 'Swedish Modern. Selling Modern Sweden,' *Art Bulletin of Nationalmuseum*, 18, 2011.
- Kåring Wagman, A., *Stadens melodi. Information och reklam i*

Svenska Slöjdföreningens Bostadsutredning, Stockholm: Kooperativa Förbundets förlag, 1964 [1955].

· Jones, G., *Beauty Imagined. A History of the Global Beauty Industry*, Oxford: Oxford University Press, 2010.

· Jonsson, A., *Knowledge Sharing Across Borders—A Study in the IKEA World*, diss., Lund: Lund University School of Economics and Management, Lund Business Press, 2007.

· Jonson, L., 'Lasse Brunnström: "Svensk designhistoria". Staffan Bengtsson: "Ikea the book. Formgivare, produkter & annat",' *Dagens Nyheter*, December 16, 2010.

· Josefsson, E. &TT Spektra, 'Ikea ställs ut på Liljevalchs,' *Expressen*, May 28, 2009.

· Julier, G., *The Culture of Design*, London: SAGE Publications, 2000.

· Jönsson, L. (ed.), *Craft in Dialogue. Six Views On a Practice in Change*, Stockholm: IASPIS, 2005.

· Kalha, H., 'The Other Modernism: Finnish Design and National Identity' in Aav, M. & Stritzler- Levine, N. (eds.), *Finnish Modern Design. Utopian Ideals and Everyday Realities, 1930–1997*, New Haven: Yale University Press, 1998.

· Kalha, H., 'Just One of Those Things'—The Design in Scandinavia Exhibition 1954–57' in Halén, W. & Wickman, K. (eds.), *Scandinavian Design Beyond the Myth. Fifty years of Design From the Nordic Countries*, Stockholm: Arvinius, 2003.

· Kamprad, I., 'New Friends' in Bengtsson, S. (ed.), *IKEA at Liljevalchs*, Stockholm: Liljevalchs konsthall, 2009.

· Karjalainen, T.-M., *Semantic Transformation in Design. Communication Strategic Brand Idenitity Through Product Design References*, diss., Helsinki: University of Art and Design, 2004.

· Karlsson, J. C. H., 'Finns svenskheten? En granskning av teorier om svenskt folklynne, svensk folkkaraktär och svensk mentalitet,' *Sociologisk Forskning*, 1, 1994.

· Karlsson, K.-G., *Historia som vapen: Historiebruk och Sovjetunionens upplösning 1985–1999*, Stockholm: Natur & Kultur, 1999.

IKEA PS Range Catalogue 1995,' *Scandinavian Journal of Design*, 9, 1999.

・Howkins, A., 'The Discovery of Rural England' in Colls, R. & Dodd, P. (eds.), *Englishness, Politics and Culture 1880–1920*, London: Croom Helm, 1986.

・Husz, O., *Drömmars värde. Varuhus och lotteri i svensk konsumtionskultur 1897–1939*, diss., Hedemora: Gidlund, 2004.

・Husz, O. & Lagerqvist, A., 'Konsumtionens motsägelser. En inledning' in Aléx, P. & Söderberg, J. (eds.), *Förbjudna njutningar*, Stockholm: Stockholms Universitet, 2001.

・Hyland, A. & Bateman, S., *Symbol*, London: Laurence King Publishing, 2011.

・Hård af Segerstad, U., *Scandinavian Design*, Stockholm: Nord, 1962.

・'Ikea lovade för mycket om dunet,' *Aftonbladet*, February 8, 2009.

・Ivanov, G., *Vackrare vardagsvara—design för alla?: Gregor Paulsson och Svenska slöjdföreningen 1915–1925*, diss., Umeå: Institutionen för Historiska Studier, 2004.

・Jackson Lears, T. J., 'From Salvation to Self-Realization. Advertising and the Therapeutic Roots of the Consumer Culture' in Wightman Fox, R. & Jackson Lears, T. J. (eds.), *The Culture of Consumption: Critical Essays in American History 1880–1980*, New York: Pantheon Books, 1983. [T・J・ジャクソン・リアーズ「救いから自己実現へ——広告と消費者文化の心理療法としてのルーツ　1880〜1920」、リチャード・ワイトマン・フォックス&T・J・ジャクソン・リアーズ編／小池和子訳『消費の文化』勁草書房、1985年]

・Jensen, R., *The Dream society. How the Coming Shift from Information to Imagination will Transform your Business*, New York: McGraw-Hill, 1999. [ロルフ・イェンセン／宮本喜一訳『物語（ドリーム）を売れ。——ポストＩＴ時代の新六大市場』ＴＢＳブリタニカ、2001年]

・Johansson, G., 'Den verkliga standardmöbeln,' *Svenska Dagbladet*, July 14, 1944.

・Johansson, G. (red.), *Bostadsvanor och bostadsnormer* [Bostadsvanor i Stockholm under 1940-talet], Svenska Arkitekters Riksförbund och

- Harvey, D., 'From Managerialism to Entrepreneurialism: The Transformation in Urban Governance in Late Capitalism,' *Geografiska Annaler. Series B, Human Geography*, 71 (1), 1989.［デイヴィド・ハーヴェイ／廣松悟訳「都市管理者主義から都市企業家主義へ——後期資本主義における都市統治の変容」『空間・社会・地理思想』第２号、36〜53頁］
- Haug, W. F., *Critique of Commodity Aesthetics: Appearance, Sexuality and Advertising in Capitalist Society*, Cambridge: Polity, cop. 1986 [1971].
- Heath, J. & Potter, A., *The Rebel Sell: How the Counterculture Became Consumer Culture*, Chichester: Capstone, 2005.［ジョセフ・ヒース＆アンドルー・ポター／栗原百代訳『反逆の神話——カウンターカルチャーはいかにして消費文化になったか』ＮＴＴ出版、2014年］
- Hedqvist, H., *1900–2002. Svensk form. Internationell design*, Stockholm: Bokförlaget DN, 2002.
- Heijbel, M., *Storytelling befolkar varumärket*, Stockholm: Blue Publishing, 2010.
- Helgesson, S. & Nyberg, K., *Svenska former*, Stockholm: Prisma, 2000.
- Heller, S., *Paul Rand*, London: Phaidon, 2007.
- Heller, S., *Iron fists. Branding the 20th-Century Totalitarian State*, London: Phaidon, 2008.
- Hemmungs Wirtén, E. & Skarrie Wirtén, S., *Föregångarna. Design management i åtta svenska företag*, Stockholm: Informationsförlaget, 1989.
- Hirdman, Y., *Att lägga livet tillrätta. Studier i svensk folkhemspolitik*, Stockholm: Carlsson, 1989.
- Hirdman, Y., *Vi bygger landet. Den svenska arbetarrörelsens historia från Per Götrek till Olof Palme*, Stockholm: Tidens förlag, 1990 [1979].
- Hirdman, Y., Björkman, J. & Lundberg, U. (eds.), *Sveriges Historia 1920–1965*, Stockholm: Nordstedts, 2012.
- Hogdal, L., 'Demokratisk design och andra möbler,' *Arkitektur*, 4, 1995.
- Howe, S., 'Untangling the Scandinavian Blonde. Modernity and the

- Glaser, M., *Art is Work. Graphic Design, Objects and Illustration*, London: Thames & Hudson, 2000.
- Glover, N., *National Relations. Public Diplomacy, National Identity and the Swedish Institute 1945–1970*, diss., Lund: Nordic Academic Press, 2011.
- Greenhalgh, P. (ed.), *Modernism in Design*, London: Reaktion Books, 1990.［ポール・グリーンハルジュ編／中山修一他訳『デザインのモダニズム』鹿島出版会、1997年］
- Gremler, Dwayne D., Gwinner, K. P. & Brown, S. W., 'Generating Positive Word-of-Mouth Communication Through Customer-Employee Relationships,' *International Journal of Service Industry Management*, 12 (1), 2001.
- Göransdotter, M., 'Smakfostran och heminredning. Om estetiska diskurser och bildning till bättre boende i Sverige 1930–1955' i Söderberg, J. & Magnusson, L. (red.), *Kultur och konsumtion i Norden 1750–1950*, Helsingfors: FHS, 1997.
- Hagströmer, D., *Swedish Design*, Stockholm: Swedish Institute, 2001.
- Hagströmer, D., 'An Experiment's Indian Summer. The Formes Scandinaves Exhibition' in Halén, W. & Wickman, K. (eds.), *Scandinavian Design Beyond the Myth. Fifty years of Design From the Nordic Countries*, Stockholm: Arvinius, 2003.
- Halén, W. & Wickman, K. (eds.), *Scandinavian Design Beyond the Myth. Fifty years of Design From the Nordic Countries*, Stockholm: Arvinius, 2003.
- Hall, P., *The Social Construction of Nationalism. Sweden as an Example*, diss., Lund: University Press, 1998.
- Hamilton, C., *Historien om flaskan*, Stockholm: Norstedts, 1994.
- Hartman, T., 'On the IKEAization of France,' *Public Culture*, 19 (3), Duke University Press, 2007.
- Hartwig, W. & Schug, A., *History Sells!: Angewandte Geschichte ALS Wissenschaft Und Markt*, Stuttgart: Franz Steiner Verlag, 2009.
- *Harvard Business Review on Corporate Responsibility*, Boston: Harvard Business School, 2003.

- Fiell, C. & Fiell, P., *Scandinavian Design*, Köln: Taschen, 2002.
- Fog K., Budtz, C., Munch, P. & Yakaboylus, B., *Storytelling. Branding in Practice*, Berlin: Springer, 2010 [2003].
- Franke, B., 'Tyskarna har hittat sin Bullerbü,' *Svenska Dagbladet*, December 9, 2007.
- *From Ellen Key to IKEA. A Brief Journey Through the History of Everyday Articles in the 20th Century*, Göteborg: Röhsska Museum of Art & Crafts, 1991.
- Fryer, B., 'Storytelling That Moves People,' *Harvard Business Review*, June 2003.
- Frykman, J., 'Swedish Mentality. Between Modernity and Cultural Nationalism' in Almqvist, K. & Glans, K. (eds.), *The Swedish Success Story*, Stockholm: Axel and Margaret Ax:son Johnson Foundation, 2004.
- Gabriel, Y., *Storytelling in Organizations: Facts, Fictions, and Fantasies*, Oxford: Oxford University Press, 2000.
- Galli, R., *Varumärkenas fält. Produktion av erkännande i Stockholms reklamvärld*, Diss., Stockholm: Acta Universitatis Stockholmiensis, 2012.
- Garvey, P., 'Consuming IKEA. Inspiration as Material Form,' in Clarke, A. J. (ed.), *Design Anthropology*, Wien, New York: Springer Verlag, 2010.
- Ghoshal, S. & Bartlett, C. A., *The Individualized Corporation. A Fundamentally New Approach to Management. Great Companies Defined by Purpose, Process, and People*, New York: Harper Business, 1997.
- Giddens, A., *Modernity and Self-Identity: Self and Society in the Late Modern Age*, Cambridge: Polity Press, 1991. [アンソニー・ギデンズ/秋吉美都・安藤太郎・筒井淳也訳『モダニティと自己アイデンティティ――後期近代における自己と社会』ハーベスト社、2005年]
- Giroux, H. A., 'Brutalised Bodies and Emasculated Politics: Fight Club, Consumerism and Masculine Violence,' *Third Text*, 14: 53, London: Kala Press, 2000.

London: V&A Publishing, 2008.

・Czarniawska, B., *Narrating the Organization: Dramas on Institutional Identity*, Chicago: University of Chicago Press, 1997.

・*Dagens Industri*, December 17, 1981.

・Dahlgren, L., *IKEA älskar Ryssland. En berättelse om ledarskap, passion och envishet*, Stockholm: Natur & Kultur, 2009.

・Dahlvig, A., *Med uppdrag att växa. Om ansvarsfullt företagande*, Lund: Studentlitteratur, 2011.［アンダッシュ・ダルヴィッグ／志村美帆訳『ＩＫＥＡモデル―なぜ世界に進出できたのか』集英社、2012年］

・Daun, Å., *Svensk mentalitet. Ett jämförande perspektiv*, Stockholm: Rabén & Sjögren, 1989.

・Debord, G., *The Society of the Spectacle*, New York: Zone Books, 1994 [1967].［ギー・ドゥボール／木下誠訳『スペクタクルの社会――情報資本主義批判』平凡社、1993年］

・Delanty, G. & Kumar, K.（eds.）, *The SAGE Handbook of Nations and Nationalism*, London: SAGE, 2006.

・*Democratic Design. A Book About Form, Function and Price―Three Dimensions at IKEA*, Älmhult: IKEA, 1995.

・*Democratic design 2013*, Älmhult: IKEA, 2012.

・*Demokrati och makt i Sverige*, Stockholm: Allmänna förlaget, Statens offentliga utredningar, SOU1990:44.

・Ehn, B., Frykman, J. & Löfgren, O., *Försvenskningen av Sverige. Det nationellas förvandlingar*, Stockholm: Natur & Kultur, 1993.

・Eriksson, E., *Den moderna staden tar form. Arkitektur och debatt 1919–1935*, Stockholm: Ordfront, 2001.

・Fallan, K., *Design History. Understanding Theory and Method*, Oxford: Berg Publishers, 2010.

・Fallan, K.（ed.）, *Scandinavian Design. Alternative Histories*, Oxford: Berg, 2012.

・Fan, Y., 'Branding the nation: What is being branded?' *Journal of Vacation Marketing*, 12（1）, 2006.

・Fan, Y., 'Branding the nation. Towards a Better Understanding', *Place Branding and Public Diplomacy*, 6, 2010.

・Brown, A., *Fishing in Utopia*, 2008, London: Granta, 2008.
・Brunnström, L., *Det svenska folkhemsbygget. Om Kooperativa förbundets arkitektkontor*, Stockholm: Arkitektur, 2004.
・Brunnström, L., *Svensk designhistoria*, Stockholm: Raster, 2010 .
・Brûlé, T., 'Blondes do it Better,' *Wallpaper*, 14, 1998.
・Cabra, R. & Nelson, K. E. (eds.), *New Scandinavian Design*, San Francisco: Chronicle Books, 2004.
・Campbell, C., 'I Shop Therefore I Know That I Am: The Metaphysical Basis of Modern Consumerism' in Ekström, K. M. & Brembeck, H. (eds.), *Elusive Consumption*, Oxford: Berg, 2004.
・Carp, O., 'Inga kvinnor i saudisk Ikeakatalog,' *Dagens Nyheter*, October 1, 2012.
・Childs, M. W., *Sweden. The Middle Way*, New Haven: Yale, 1936. [M・W・チャイルヅ／賀川豊彦・島田啓一郎訳『中庸を行くスヰーデン――世界の模範國』豊文書院、1938年]
・Clark, H. & Brody, D. (eds.), *Design Studies. A Reader*, Oxford: Berg Publishers, 2009.
・Clemens, J. K. & Mayer, D. F., *The Classic Touch: Lessons in Leadership from Homer to Hemingwa,* New York: McGraw-Hill, 1999. [ジョン・K・クレメンス、ダグラス・F・メイヤー／叶谷渥子訳『英雄たちの遺言――古典に学ぶリーダーの条件』リクルート出版、1990年]
・Coley, C., 'Furniture: Design, Manufacture, Marketing' in von Vegesack, A. (ed.), *Jean Prouvé. The Poetics of the Technical Object*, Weil am Rhein: Vitra Design Stiftung, 2006.
・Cornell, P., 'IKEA på Liljevalchs,' *Expressen*, June 16, 2009.
・Corrigan, P., *Shakespeare on Management. Leadership Lessons for Today's Managers*, London: Kogan Page Business Books, 1999.
・Cracknell, A., *The Real Mad Men. The Remarkable True Story of Madison Avenue's Golden Age, When a Handful of Renegades Changed Advertising for Ever*, London: Quercus, 2011.
・Creagh, L., Kåberg, H. & Miller Lane, B. (eds.), *Modern Swedish Design. Three Founding Texts*, New York: Museum of Modern Art, 2008.
・Crowley, D. & Pavitt, J. (eds.), *Cold War Modern. Design 1945–1970,*

- Berggren, H., 'Ideologin som gick hem,' *Dagens Nyheter*, August 30, 1998.
- Bernays, E. (with introduction by Mark Crispin Miller), *Propaganda*, Brooklyn, N.Y.: Ig Publishing, cop. 2005 [1928]. [エドワード・バーネイズ／中田安彦訳『プロパガンダ』成甲書房、2010年]
- *BILLY—30 år med BILLY*, Produced by IMP Books AB for IKEA FAMILY, 2009.
- Birnbaum, D., 'IKEA at the End of Metaphysics,' *Frieze*, Issue 31, Nov–Dec, 1996.
- Birnbaum, D., 'Läran lyder: Billy,' *Dagens Nyheter*, August 30, 1998 .
- Björk, S., *IKEA. Entreprenören, Affärsidén, Kulturen*, Stockholm: Svenska Förlaget, 1998 .
- Björk, S., Dahlgren, L. & von Schulzenheim, C., *IKEA mot framtiden*, Stockholm: Norstedts, 2013.
- Björkvall, A., 'Practical Function and Meaning. A case study of IKEA tables,' in Jewitt, C. (ed.), *The Routledge Handbook of Multimodal Analysis*, London: Routledge, 2009.
- Björling, S., 'IKEA—Alla tiders katalog,' *Dagens Nyheter*, August 10, 2010.
- Boisen, L. A., *Reklam. Den goda kraften*, Stockholm: Ekerlids förlag, 2003.
- Boje, D. M., 'Stories of the Storytelling Organization: A Postmodern Analysis of Disney as "Tamara-Land",' *Academy of Management Journal*, 38 (4), 1995.
- Boman, M. (red.), *Svenska möbler 1890–1990*, Lund: Signum, 1991.
- Boman, M., 'Den kluvna marknaden' i Boman, M. (red.), *Svenska möbler 1890–1990*, Lund: Signum, 1991.
- Boman, M., 'Vardagens decennium' i Boman, M. (red.), *Svenska möbler 1890–1990*, Lund: Signum, 1991.
- Bowallius, M.-L., & Toivio, M., 'Mäktiga märken' i Holger, L. & Ingalill Holmberg, I. (red.), *Identitet. Om varumärken, tecken och symboler*, Stockholm: Raster, 2002.
- Bowlby, R., *Shopping with Freud*, London: Routledge, 1993.

- Andersson, J., 'Nordic Nostalgia and Nordic Light. The Swedish Model as Utopia 1930–2007,' *Scandinavian Journal of History*, 34 (3), 2009 (2).
- Andersson, J. & Hilson, M., 'Images of Sweden and the Nordic Countries,' *Scandinavian Journal of History*, 34 (3), 2009.
- Andersson, J. & Östberg, K., *Sveriges historia 1965–2012*, Stockholm: Norstedts, 2013.
- Andersson, O., 'Saker som får oss att vilja röka crack: SAS nya designprofil,' *Bibel*, 5, 1999.
- Andersson, O., 'Folkhemsbygget i KF: s regi,' *Svenska Dagbladet*, June 11, 2004 .
- Anholt, S., *Brand America. The Mother of All brands*, London: Cyan, 2004.
- Anholt, S., *Competitive Identity. The Brand Management for Nations, Cities and Regions*, New York: Palgrave Macmillan, 2007.
- Arnstberg, K. O., *Miljonprogrammet*, Stockholm: Carlssons Bokförlag, 2000.
- Aronczyk, M., *Branding the Nation: The Global Business of National Identity*, Oxford University Press, 2013.
- Asplund, G., Gahn, W., Markelius, S., Paulsson, G., Sundahl, E. & Åhren, U., 'Acceptera' [1931] in Creagh, L., Kåberg, H. & Miller Lane, B. (eds.), *Modern Swedish Design. Three Founding Texts*, New York: Museum of Modern Art, 2008.
- Atle Bjarnestam, E., *IKEA. Design och identitet*, Malmö: Arena, 2009.
- Barthes, R., *Mythologies*, New York: Hill and Wang, 2012 [1957]. [ロラン・バルト／篠沢秀夫訳『神話作用』現代思潮社、1967年]
- Bartlett, C. A. & Nanda, A., *Ingvar Kamprad and IKEA*, Harvard Business Publishing, Premier Case, 1990.
- Bauman, Z., *Consuming Life*, Cambridge: Polity, 2007.
- Beckman, U., 'Dags för design,' *Form*, 2, 1995.
- Bengtsson, S. (ed.), *IKEA at Liljevalchs*, Stockholm: Liljevalchs konsthall, 2009.
- Bengtsson, S., *IKEA The Book. Designers, Products and Other Stuff*, Stockholm: Arvinius, 2010.

・http://www.designaret.se
・http://www.historyfactory.com
・http://www.how- to-branding.com
・http://www.ikea.com
・http://www.ikeahackers.net
・http://www.regeringen.se
・http://www.simonanholt.com
・http://www.sweden.se
・http://www.temporama.com
・http://www.visitsweden.com

■文献

・Adorno, T. W. & Horkheimer, M., *Dialectic of Enlightenment*, London: Verso, 1997［1947］.［マックス・ホルクハイマー&テオドール・W・アドルノ／徳永恂訳『啓蒙の弁証法――哲学的断想』岩波書店、1990年］

・Ahl, Z. & Olsson, E., *Svensk smak. Myter om den moderna formen*, Stockholm: Ordfront, 2001.

・Aléx , P., *Den rationella konsumenten. KF som folkuppfostrare 1899–1939*, diss., Stockholm: B. Östlings bokförlag. Symposion, 1994 .

・Almqvist, K. & Linklater, A.（eds.）, *Images of Sweden*, Stockholm: Axel and Margaret Ax:son Johnson Foundation, 2011 .

・Anderby, O., 'Intervju med Lennart Ekmark. Om reklam i allmänhet―om IKEA:s i synnerhet,' 4 / 5, *Den svenska marknaden*, 1983.

・Anderson, B., *Imagined communities. Reflections on the Origin and Spread of Nationalism*, London: Verso, 1983.［ベネディクト・アンダーソン／白石さや・白石隆訳『想像の共同体――ナショナリズムの起源と流行』ＮＴＴ出版、1987年（増補版は1997年）］

・Andersson, F., *Performing Co-Production. On the Logic and Practice of Shopping at IKEA*, diss., Uppsala: Department of Social and Economic Geography, Uppsala University, 2009.

・Andersson, J., *När framtiden redan hänt. Socialdemokratin och folkhemsnostalgin*, Stockholm: Ordfront, 2009（1）.

・ペール・ハン氏（Per Hahn；イケア文化・イケアバリュー部門の上級管理職）エルムフルト、2012年6月26日。
・ウーラ・リンデル氏（Ola Lindell；マーケティング部門の上級管理職）ストックホルム、2011年11月9日。
・リースマリー・マークグレン氏（Lismari Markgren；インターイケアシステムズ・BV社）ウォータールー、2011年1月4日。

■映画およびテレビ番組

・*Adaptation*, Director Spike Jonze, 2002.（『アダプテーション』日本公開2003年）
・*Fight Club*, Director David Fincher, 1999.（『ファイト・クラブ』日本公開1999年）
・*Rakt på sak med K-G Bergström*, Sveriges Television, 2008.
・*Uppdrag granskning. Made in Sweden—IKEA*, Producer Nils Hansson, Sveriges Television, 2011.
・*Två världsföretag. Tomtens verkstad—IKEAs bakgård*, Producer Andreas Franzén, Sveriges Television, 1997.

■私信

・ウーラ・リンデル氏からのＥメール（2013年8月20日）
・ウーラ・リンデル氏からのＥメール（2013年11月9日）

■その他

・Ingvar Kamprad: *Framtidens IKEA-varuhus* daterat October 10, 1989.（イケアの元従業員から筆者が譲り受けた文書）
・*Livet hemma*（レンナート・エークマルク氏から筆者が譲り受けた文書）
・イケアのインターン・コース「*The IKEA Brand Programme 2012*」（エルムフルトのインターイケア文化センターで開催）への参加。

■インターネット（日付とアドレスは原注を参照）

・http://www.benjerry.com
・http://www.coca-colacompany.com
・http://www.cremedelamer.com

・*Främjandeplan Jordanien 2011–2013*, Sveriges Ambassad Amman, Utrikesdepartementet, Dnr. UF 2010/68979/FIM, Kat: 4.5.
・*Främjandeplan Lissabon 2011–2013*, Sveriges Ambassad Lissabon, Utrikesdepartementet, Dnr. UF2010/71903/FIM, Kat: 4.5.
・*Främjandeplan Ryssland 2011–2013*, Sveriges Ambassad Moskva, Utrikesdepartementet Dnr. UF2010/69681/FIM, Kat: 4.5.
・*Främjandeplan Singapore 2011–2013*, Sveriges Ambassad Singapore, Utrikesdepartementet, Dnr. UF 2010/66401/FIM, Kat: 4.5.
・*Främjandeplan Tel Aviv 2011–2013*, Sveriges Ambassad Tel Aviv, Utrikesdepartementet, Dnr. UF 2010/69971/FIM, Kat: 4.5.

ランスクローナ博物館 広告アーカイブ（Reklamarkivet, Landskrona Museum, Landskrona：ＬＭ）
・Advertisements 1980 and 1990s.

ハンス・ブリンドフォシュ 個人コレクション（Hans Brindfors, Private collection）
・Advertisements 1980 and 1990s.

■インタビュー

・マッツ・アグメン氏（Mats Agmén；インターイケアシステムズ・BV 社のイケアコンセプト管理担当者）ヘルシンボリ、2012年９月21日。
・ハンス・ブリンドフォシュ氏（Hans Brindfors）2012年１月20日。
・ウッラ・クリシャンソン氏（Ulla Christiansson）ストックホルム、2011年12月22日。
・ヘレン・デュプホーン氏（Helen Duphorn；イケアグループの企業コミュニケーション部門の責任者）、およびレーナ・シモンソン＝ベリエ氏（Lena Simonsson-Berge；イケアリテールサービス社グローバルコミュニケーション部門の管理職）ヘルシンボリ、2013年６月25日。
・レンナート・エークマルク氏（Lennart Ekmark）ストックホルム、2011年12月16日。
・レンナート・エークマルク氏、およびリーア・クムプライネン氏（Lea Kumpulainen；商品展開戦略担当者）ストックホルム、2009年６月12日。

Systems B.V., 2008（2nd edition）[1999].
・*PS*, Inter IKEA Systems B.V., 1996.
・*Scandinavian Collections 1996–97* [DVD], Inter IKEA Systems B.V., 1997.
・*Stockholm*, Inter IKEA Systems B.V., 1996
・*The Future is Filled With Opportunities. The Story Behind the Evolution of the IKEA Concept*, Inter IKEA Systems B.V., 2008 [1984].
・*The IKEA Concept, The Testament of A Furniture Dealer, A Little IKEA Dictionary*, Inter IKEA Systems B.V., 2011 [1976–2011].
・*The Origins of the IKEA Culture and Values*, Inter IKEA Systems B.V., 2012
・*The Stone Wall—a Symbol of the IKEA Culture*, Inter IKEA Systems B.V., 2012.
・*Vackrare vardag*, Inter IKEA Systems B.V., Produced by Brindfors, 1990.
・ヒューゴ・サリーン氏（Hugo Sahlin）による口頭での情報提供。

スウェーデン王立文書館（National Library Sweden, Stockholm：ＮＬＣ）

・*IKEA symbolerna. Att leda med exempel*, Inter IKEA Systems B.V., 2001.
・*Range Presentation*, Inter IKEA Systems B.V., 2000, 2001.
・*Range Presentation*, Inter IKEA Systems B.V., 2002.

スウェーデン外務省図書館（Library of the Ministry for Foreign Affairs, Stockholm：ＬＭＦＡ）

・*Främjandeplan Bangkok 2011–2013*, Sveriges Ambassad Bangkok, Utrikesdepartementet, Dnr. UF 2010/66885/FIM, Kat: 4.5.
・*Främjandeplan Belgrad 2011–2013*, Sveriges Ambassad Belgrad, Utrikesdepartementet, Dnr. UF 2010/68999/FIM, Kat: 4.5.
・*Främjandeplan Grekland 2011–2013*, Sveriges Ambassad Athen, Utrikesdepartementet, Dnr. UF 2010/68981/FIM, Kat: 4.5.
・*Främjandeplan för Island 2011–2013*, Sveriges Ambassad Reykjavik, Utrikesdepartementet, Dnr. UF 2010/66980/FIM: Kat, 4.5.

参考文献一覧

■アーカイブス

イケア歴史アーカイブ（IKEA Historical Archives：ＩＨＡ）

・*10 Years of Stories From IKEA People*, Inter IKEA Systems B.V., 2008.
・*1700-tal*, Inter IKEA Systems B.V., 1996.
・*Challenge/Solution*, Postcard, Inter IKEA Systems B.V., 2010.
・*Democratic design. The Story About the Three Dimensional World of IKEA—Form, Function and Low Prices*, Inter IKEA Systems B.V., 1996.
・*Designed for People. Swedish Home Furnishing 1700–2000*, Inter IKEA Systems B.V., 1999.
・*IKEA Catalogue*, 1955.
・*IKEA Concept Description*, Inter IKEA Systems B.V., 2000.
・*IKEA Match*.
・*IKEA Stories 1*［DVD］, Inter IKEA Systems B.V., 2005, 2008.
・*IKEA Stories 1*, Inter IKEA Systems B.V., 2005.
・*IKEA Stories 3*, Inter IKEA Systems B.V., 2006.
・*IKEA Tillsammans*, Inter IKEA Systems B.V., 2011.
・*IKEA Toolbox* (intranet).
・*IKEA Values. An Essence of the IKEA Concept*, Inter IKEA Systems B.V., 2007.
・*IKEAs rötter. Ingvar Kamprad berättar om tiden 1926–1986*［DVD］, Inter IKEA Systems B.V., 2007.
・*Ingvar Kamprad: Mitt största fiasko*, Letter to co-workers.
・*Insight, IKEA IDEAS*, March 2012, Issue 87, Inter IKEA Systems B.V., 2012.
・*Marketing Communication. The IKEA Way*, Inter IKEA Systems B.V., 2010.
・*Our Way Forward. The Brand Values Behind the IKEA Concept*, Inter IKEA Systems B.V., 2011.
・*Our Way. The Brand Values Behind the IKEA Concept*, Inter IKEA

(42) Bengtsson (2009). 識別番号のないカタログも参照。

(43) ヘレン・デュプホーン (Helen Duphorn) とレーナ・シモンソン＝ベリエ (Lena Simonsson-Berge) へのインタビュー (2013年6月25日) より。

(44) Andersson, J. (2009 (1)), Andersson, J. (2009 (2)).

いる。アーティストのジェイソン・ローデス（Jason Rhoades）も、作品のなかでイケアのイデオロギーにさりげなく触れたり、はっきりと意見を表明したりしている。1996年にスウェーデンのヴァンオース（Wanås）で開催されたある展示会では、カンプラードがかつて商売に用いていた小さな緑色の小屋に似せたものを四つ造り、イケアの商品を数多くそこに集めたうえで、チェーンソーを用いてその小屋を二つに切り分け、家具を輪切りにするというインスタレーションを出展した。このほか、イケアを主な題材とするローデスの作品として、「スウェディッシュ・エロチカ（Swedish Erotica）」（1994年）、「未来は可能性に満ちている（The Future is Filled with Opportunities）」（1995年）がある。

(35) Nacking (2000) で引用されているケッターの発言。ケッターは、シドニー・ビエンナーレにおいて本棚「ビリー」のみで構成したインスタレーションを出展した。アーティストのジョン・フレイヤー（John Freyer）も、イケア商品、とりわけ「ビリー」を作品に用いている。彼は研究者とともに「フラットパックを開けること―エスノグラフィ、アート、そして本棚ビリー（Opening the Flatpack: Ethnography, Art, and the Billy Bookcase）」というプロジェクトも手掛けていた。彼の作品については、http://www.temporama.com を参照。

(36) Kristoffersson (2006) におけるアンダシュ・ヤコブセンへのインタビューより。イケアの商品が素材として使用されている例は他にもあるが、すべてが批判的な観点を含んでいるわけではない。http://www.IKEAhackers.net/ を参照。

(37) *IKEA Concept Description* (IHA) p.48.

(38) *IKEA Concept Description* (IHA) p.48

(39) *IKEA Concept Description* (IHA) pp.47-48.

(40) Ruppel Shell (2009). ［エレン・ラペル・シェル／楡井浩一訳『価格戦争は暴走する』筑摩書房、2010年］

(41) Kamprad (2009). 識別番号のないカタログも参照。

73-80）を参照。

(22) 多様な学問領域における消費研究の批判的サーベイについては、Miller（1995）を参照。

(23) 消費を解放や創造力の源と見なす議論については、Miller（1995:28ff）を参照。消費という夢が人を退行させ無能化するという議論については、例えばWilliams（1982）［ロザリンド・H・ウィリアムズ／吉田典子・田村真理訳『夢の消費革命——パリ万博と大衆消費の興隆』工作舎、1996年］を参照。消費についての理論的な視点に関する議論は、Husz & Lagerqvist（2001）を参照。

(24) Adorno & Horkheimer（1947).［マックス・ホルクハイマー＆テオドール・W・アドルノ／徳永恂訳『啓蒙の弁証法——哲学的断想』岩波書店、1990年］

(25) Campbell（2004:27ff).

(26) Haug（1971).

(27) Debord（1967).［ギー・ドゥボール／木下誠訳『スペクタクルの社会——情報資本主義批判』平凡社、1993年］

(28) Bauman（2007).

(29) Bauman（2007).

(30) Palahniuk（1997).［チャック・パラニューク／池田真紀子訳『ファイト・クラブ』早川書房、1999年］。映画『ファイト・クラブ』（1999年）の監督はデヴィッド・フィンチャー（David Fincher)。ファイト・クラブについての分析として、例えば、Giroux（2000:31-41）などがある。

(31) Palahniuk（2006:43).［日本語訳は、パラニューク『ファイト・クラブ』56ページ］

(32) 映画『ファイト・クラブ』（1999年）から引用。このセリフは小説には登場しない。

(33) Palahniuk（2006:110-111).［日本語訳は、パラニューク『ファイト・クラブ』156ページ］

(34) この現象については、Birnbaum（1996）において議論されて

『デモクラティック・デザイン（*Democratic Design*）』においてであった。このとき以来、この言葉は社内においても社外に対しても多用されている。例えば、*Democratic Design 2013*（Älmhult: IKEA, 2012）を参照。

(16) Greenhalgh（1990:10).［ポール・グリーンハルジュ編／中山修一他訳『デザインのモダニズム』鹿島出版会、1997年、10〜11ページ］

(17) ウィリアム・A・シュライヤー（William A. Shryer）は、1912年の著書『分析広告論（*Analytical Advertising*）』において、「平均的人間にはこれほどわずかしか発達していない機能の存在を、強いて想定するようなコピーに訴求を集中するのは、広告主にとって不利益である」と述べている。Jackson Lears（1983:19）［日本語訳は、T・J・ジャクソン・リアーズ「救いから自己実現へ—広告と消費者文化の心理療法としてのルーツ　1880〜1920」リチャード・ワイトマン・フォックス＆T・J・ジャクソン・リアーズ編／小池和子訳『消費の文化』勁草書房、1985年、41ページ］より引用。

(18) Bernays（1928).［エドワード・バーネイズ／中田安彦訳『プロパガンダ』成甲書房、2010年］消費に関するバーネイズの議論については、Jackson Lears（1983:20）［リチャード・ワイトマン・フォックス＆T・J・ジャクソン・リアーズ編／小池和子訳『消費の文化』41ページ］を参照。

(19) レイチェル・ボウルビー（Rachel Bowlby）は、マーケティングと消費における心理学の重要性についても言及しており、20世紀初頭にフロイト理論が戦略的資源としていかに用いられたかを示している。Bowlby（1993).

(20) Perec（1990［1965］).［ジョルジュ・ペレック／弓削三男訳『物の時代・小さなバイク』白水社、1978年］

(21) この引用、およびバーバラ・クルーガーが消費と経済について明確にコメントしている他の著作については、Linker（1990:65,

Röhsska Museum of Art & Crafts, 1991).

（9）2009年5月28日付の〈*Expressen*〉紙に掲載されたエリカ・ヨーセフソン（Erika Josefsson）と通信社TTスペクトラ（TT Spektra）による記事「イケアがリリエバルクスで展示会を開催（IKEA ställs ut på Liljevalchs）」。

（10）エリカ・ヨーセフソンとTTスペクトラの2009年の記事で引用された、ギャラリー・ディレクターのモーテン・カステンフォシュ（Mårten Castenfors）の発言。

（11）展示カタログでは、イケアが他者のデザインをコピーしたかどうかという問題については若干のスペースが割かれた。他方、アメリカのストール社がイケアのコンセプトを盗用したことも記されている。この展示会が批判的観点を完全に欠くものであったことは、何人かの批評家が指摘している。2009年6月16日付の〈*Expressen*〉紙に掲載されたペーテル・コーネル（Peter Cornell）による記事「リリエバルクスのイケア（IKEA på Liljevalchs）」、2009年6月18日付の〈*Aftonbladet*〉紙に掲載されたウルリカ・スターレ（Ulrika Stahre）による記事「万人のための夢の芸術（Drömkonst för alla）」、2009年6月16日付の〈*Sydsvenskan*〉紙に掲載されたイングリッド・ソンマル（Ingrid Sommar）による記事「広告か、それとも芸術か（Reklam eller konst?）」を参照。

（12）Uber（2009）.

（13）企業ミュージアムの例として、アトランタにある「ワールド・オブ・コカコーラ（The World of Coca-Cola）」、シュツットガルトにある「メルセデス・ミュージアム（Mercedes Museum）」などがある。イケアはアメリカのラルフ・アッペルバウム・アソシエイツ（Ralph Appelbaum Associates）社にミュージアムの展示のプロデュースを委託した。

（14）Kamprad（2009）. 識別番号のないカタログも参照。

（15）イケアが「デモクラティック・デザイン」という言葉を用いたのは、1995年のPSコレクション発売の際、および同年に出版した

——創業者は語る』282〜295ページ「善良な資本家の夢」]。トーレクルは2011年の著書においても、カンプラードを同じように形容している（Torekull, 2011:35-52)。オリベッティ社の人事方針については、Kicherer（1989:14-15）を参照。

(69) 企業の社会的責任［CSR］の概念については、*Harvard Business Review on Corporate Responsibility*（2003）を参照。

(70) Papanek（1995:261).

第6章

（1）Zola（2012［1883］:3).［日本語訳は、エミール・ゾラ／吉田典子訳『ボヌール・デ・ダム百貨店——デパートの誕生』藤原書店、2004年、11〜12ページ］

（2）Zola（2012［1883］:234).

（3）ブリンドフォシュ社によって1989年に実施されたキャンペーン。このときにつくられた広告シリーズの多くは、ランスクローナ博物館の広告アーカイブに所蔵されている。

（4）*Democratic Design* 1995, p.11.

（5）Leach（1989:118).

（6）著者であるベングツソンは、リリエバルクス・ギャラリーで開催されたイケアの展示館のキュレーターも務めた。この本が批判的な観点を欠いていることは、いくつかの批評において指摘されている。2010年12月16日付の〈*Dagens Nyheter*〉紙に掲載されたロッタ・ヨンソン（Lotta Jonsson）による記事「ラッセ・ブルンストレーム『スウェーデンデザイン史』、スタファン・ベングツソン『イケアの本——デザイナー、商品、その他』（Lasse Brunnström: "Svensk designhistoria." Staffan Bengtsson: "IKEA the book. Formgivare, produkter & annat"）」を参照。

（7）Fiell & Fiell（2002:280), Helgesson & Nyberg（2000:35).

（8）*From Ellen Key to IKEA. A Brief Journey Through the History of Everyday Articles in the 20th Century*（Göteborg:

政治犯が生産に携わる（IKEA bekräftar: Politiska fångar användes i produktionen）」。

(60) 2012年11月21日付の〈*Aftonbladet*〉紙に掲載されたフレドリック・ペーション（Fredrik Persson）による記事「不法労働に対するイケアの陳腐な言い訳（IKEAs platta försvar av straffarbete）」。

(61) この件に関する議論は2012年秋に起こった。2012年10月1日付の〈*Dagens Nyheter*〉紙に掲載されたオッシ・カルプ（Ossi Carp）による記事「サウジのイケアカタログには女性が登場しない（Inga kvinnor i saudisk IKEAkatalog）」、2012年10月2日付の〈*Guardian*〉紙に掲載されたネスリン・マリク（Nesrine Malik）による記事「女性はお断り。こちらはサウジアラビアのイケアです（No women please, we're Saudi Arabian IKEA）」などを参照。

(62) Torekull（2008:201）で引用されているカンプラードの発言［日本語訳は、トーレクル『イケアの挑戦——創業者は語る』284ページ］。スタファン・ベングツソンはこれを繰り返し、イケアは「選挙で選ばれた政治家よりも、民主化のプロセスに大きな影響を及ぼしてきた」と主張している（Bengtsson, 2009）。識別番号のないカタログも参照。Bengtsson（2009）の出版、およびこの本のもとになった展示会はイケアの出資によるものである。これについては第6章でも詳述する。

(63) Dahlvig（2011）［ダルヴィッグ『IKEAモデル——なぜ世界に進出できたのか』］, Lowry Miller, Piore & Theil（2001）.

(64) http://www.IKEA.com/ms/en_GB/about_IKEA/our_responsibility/partnerships/（accessed October 15, 2013）.

(65) Dahlvig（2011）.［ダルヴィッグ『IKEAモデル——なぜ世界に進出できたのか』］

(66) Lowry Miller, Piore & Theil（2001）.

(67) Stenebo（2009:186-191）.

(68) Torekull（2008）には「善良な資本家（Den goda kapitalisten）」と題された節（pp.209-217）がある［トーレクル『イケアの挑戦

(54) カンプラードは、スウェーデンの通信社 TT 社に送ったEメールにおいて、この財団の存在を認めた。このEメールは、「カンプラード、海外の財団の存在を認める」(*Svenska Dagbladet*, January 26, 2011) などの見出しが付けられ、多くのスウェーデンの新聞で引用された。
(55) Björk (2013).
(56) スウェーデンテレビが1997年12月22日に放送した「二つのグローバル企業——サンタの作業場とイケアの裏庭 (*Två världsföretag. Tomtens verkstad—IKEAs bakgård*)」。プロデューサーはアンドレアス・フランセン (Andreas Franzen)。[「サンタの作業場 (*Tomtens verkstad*)」は、毎年クリスマスイブにスウェーデンテレビが放映するディズニーアニメ番組のなかの一作品 (1932年製作) で、サンタクロースの指揮のもとで工場の小人たちが子どもたちに配るオモチャを製造している様子が楽しげに描かれている。]
(57) 2009年2月8日付の〈*Aftonbladet*〉紙の記事「イケアがあまりにも多くのダウンを契約 (IKEA lovade för mycket om dunet)」およびStenebo (2009:189-190) を参照。
(58) スウェーデンテレビの番組「譲渡についての調査 (*Uppdrag granskning*)」より。
(59) この情報は2011年にドイツのテレビ番組で報道され、その後スウェーデンテレビもこれを放送した。イケアは会計事務所アーンスト・アンド・ヤング (Ernst & Young) 社に、報道された情報について精査するよう依頼した。アーンスト・アンド・ヤング社はイケア社内に保管されていた2万ページ余りの文書とドイツに保管されていた8万点の記録を精査し、約90人の人々へのインタビュー調査も行った。2012年秋には、スウェーデンとドイツの新聞社を中心とする報道陣にレポートが配布された。2012年11月16日付の〈*Dagens Nyheter*〉紙に掲載されたヤン・レーヴェンハーゲン (Jan Lewenhagen) による記事「イケアによる確認完了—

のインタビューより。

(46) スウェーデンテレビ（Swedish Television）のジャーナリスト、K・G・ベリィストレーム（K.-G. Bergström）がカンプラードに対して実施したインタビュー（2008年10月28日放送）は、その一例である。

(47) カンプラードがスタッフに送った手紙。「私の最大の過失（Mitt stösta fiasko）」というタイトルが付けられている。イケア歴史アーカイブ所蔵。Torekull（2008:197）には、手紙の一部とそれへのコメントが掲載されている。[手紙本文の日本語訳は、トーレクル『イケアの挑戦――創業者は語る』267ページ]

(48) Torekull（2008:195）. [日本語訳は、トーレクル『イケアの挑戦――創業者は語る』264ページ]

(49) 1998年８月30日付の〈*Dagens Nyheter*〉紙では、ヘンリック・ベリィグレン（Henrik Berggren）による記事「家に帰ったイデオロギー（Ideologin som gick hem）」、インゲラ・リンド（Ingela Lind）による記事「カンプラードが新たな世界の中間階級を作る（Kamprad formar en ny världsmedelklass）」、ダニエル・ビルンバウム（Daniel Birnbaum）による記事「『ビリー』という教義（Läran lyder: Billy）」、ミカエル・レーフグレン（Mikael Löfgren）による記事「イケアのすべて（IKEA über alles）」の四つが発表された。

(50) Sjöberg（1998:220-230).

(51) Sjöberg（1998), Torekull（2008:19-23). [トーレクル『イケアの挑戦――創業者は語る』26～32ページ]

(52) http://www.IKEA.com/ms/en_GB/about_IKEA/facts_and_figures/about_IKEA_group/index.html（accessed May 28, 2013).

(53) 2011年にスウェーデンテレビが制作した番組「譲渡についての調査　メイド・イン・スウェーデン―イケア（*Uppdrag granskning. Made in Sweden—IKEA*)」。プロデューサーは、ニルス・ハンソン（Nils Hansson)。

て持ち上げたのです！　こうして黄色のイケアバッグが生まれました。これは、小売りの方法としてまさに革新的でした」Challenge/Solution, Postcard, 2010（IHA）.

(37) Wickman in Bengtsson（2009）．同じ本の中でベングツソンは、このアイデアはデンマークではなくイギリスからのものだと述べている。識別番号のないカタログも参照。

(38) Brunnström（2010:143）.

(39) Brunnström（2004）.

(40) KF は、1970年代にベーシックな家具シリーズを発売した。その際にはデザイナーの名前は公表せず、低価格の家具を市場に提供することに主眼が置かれた。1972年には女性用のベーシックな衣料品シリーズが発売され、1979年には、いわゆるノーブランドの日用品ラインナップの販売がはじまった。KF の基本的な商品展開については、Boman（1991:429-431）, Hedqvist（2002）, Thiberg（1995:268, 271, 278）を参照。

(41) Aléx（1994）, Mattsson（2012）.

(42) この点については、2004年６月11日付の〈*Svenska Dagbladet*〉紙に掲載されたウーラ・アンデション（Ola Andersson）による記事「KF の指導による国民の家の建設（Folkhemsbygget i KF:s regi)」でも言及されている。

(43) 大量の集合住宅を建設するというこの計画は「ミリオン・プログラム（Miljonprogrammet：100万戸計画）と呼ばれた。この計画のプラス面とマイナス面については、何冊かの本が書かれている。例えば、Arnstberg（2000）などを参照。

(44) Ehn, Frykgren & Löfgren（1993:61-62）.

(45) Åsbrink（2012:316）で引用されているカンプラードへのインタビュー、および2011年８月24日付の〈*Svenska Dagbladet*〉紙に掲載されたグスタヴ・フェーホルム（Gustav Sjöholm）による記事「カンプラード関与の疑惑が深まる（Fördjupar bilden av Kamprads engagemang)」で引用されているオースブリンクへェドベリィ（Elias Svedberg）がデザインした作品「木を組み立てよう（Ta i trä)」で、エーリック・ヴェルツとレーナ・ラーションがアシスタントとして参加していた。かれらの作品が商品化されたことで、スウェーデン家具の歴史はターニングポイントを迎えたのである。このシリーズは「トリーヴァ・ビュッグ」と名付けられ、NK デパートで発売された。何年もかけて新しいアイテムが追加され、カップボードユニットとダイニングセットからなるシリーズとなった。Boman（1991:244-248).

(30) 1944年7月14日付の〈*Svenska Dagbladet*〉紙に掲載されたゴッタル・ヨーハンソン（Gotthard Johansson）による記事「本当のスタンダード家具（Den verkliga standardmöbeln)」。

(31) Atle Bjarnestam（2009:41), Wickman（1995:163).

(32) Torekull（2008:79). [日本語訳は、トーレクル『イケアの挑戦——創業者は語る』109ページを一部改変]

(33) Wickman（2009). 識別番号のないカタログも参照。

(34) レンナート・エークマルクへのインタビュー（2009年）より。教育的な意図については、Atle Bjarnestam（2009:208)、Wickman（2009）でも言及されている。

(35) Husz（2004:69).

(36) レンナート・エークマルクへのインタビュー（2011年）より。エルムフルトのインターイケア文化センターにおける展示「イケアの探究」では、異なる説明がされている。すでに述べたように、ここに展示されている多数のポストカードには、様々な課題や問題、イケアがそれにどのように対処してきたか（「挑戦」と「解決」）が記されているが、26番のカードで説明されているのがイケアバッグの起源である。まず、客が購入しようとしているものを入れるものがなかった、というエピソードが説明され、その解決として次のように書かれている。「台湾を訪問したある納入業者が、これまでにないショッピングバッグの使い方を見つけました。見本の強度を確かめるために、バッグの中に女性を一人入れク・フォルム）の歴史を描くだけでなく、スウェーデンデザインの歴史（スウェーデンのフォルム［造形］がどのように表現されてきたのか、それがどのように、なぜ変容したのか）を描くという意図が潜在している。スウェーデンデザインの歴史が協会の歴史と等しいということを暗示している本である。Kristoffersson & Zetterlund（2012）を参照。協会自身による協会の歴史についての記述を忠実になぞった本も数多く書かれている。例えば、Helgesson & Nyberg（2000）など。

(24) 北欧デザインの概念に対する批判と疑義は、実は新しいものではない。北欧デザインが世界中に知れわたるようになった1950年代から1960年代に、すでにスウェーデンでは、評価のあり方を問い規範を崩すような批判的な議論が起こっていた。このことはあまり知られていないが、Robach（2010）において言及されている。

(25) Fallan（2012:1).

(26) ファッランは、自分の主張はHalén & Wickman（2003）とは異なると述べている。Halén & Wickman（2003）のタイトル『北欧デザイン――神話を超えて（*Scandinavian Design Beyond the Myth*)』は明るい希望を思わせるが、この本は現代的なデザインや工芸にほとんど言及していない。北欧デザインを取り巻く神話は、現代のデザインにも深く関わっているが、現代の北欧デザインについて言及している部分で取り上げられているのは、伝統的なイメージを継承するアイテムばかりである。

(27) イケアのノックダウン式家具が初めてカタログに掲載されたのは1953年のことで、テーブル「マックス」などであった。

(28) アトリエ・ジャン・プルーヴェ（Atelier Jean Prouvé）は1931年に開設され、1930年代には金属製品の生産も開始し、工場で生産し現場で装着する方式のファサードやドアなどを製作した。プルーヴェの家具については、Coley（2006）を参照。

(29) このシリーズは、1943年に開催された家具コンペとの関連で製作された。このコンペで第１位を獲得したのは、エリアス・スヴに敬意を払い、自然に対して神話的とも言えるような親近感をもっているとも述べている。Fiell & Fiell（2002:34, 36）.

（13）Polster（1999:9）.

（14）Nelson（2004）.

（15）Andersson, J.（2009:229-245）.

（16）趣味とジェンダー、階級といった問題を焦点化した展示会は数多く開催されている。例えば、'tiligt, fiffigt, blont'（Galleri Y1, 1997）、'Formbart'（Liljevachs konsthall, 2005）、'Invisible Wealth'（Färgfabriken, 2003）、'Konceptdesign'（Nationalmuseum, 2005）、the Agata gallery における一連の展示などがある。また、この問題は、Jönsson（2005）, Ahl & Olsson（2001）, Kristoffersson（2003）, Robach（2005）, Brunnström（2010）などでも論じられている。スウェーデンのネオモダニズムと若手のアンチモダニスト世代の対立を現した海外の事例として、レスリー・ジャクソン（Lesley Jackson）がキュレーターを務めた「Beauty and the Beast」展（Crafts Council Gallery, London 2004）がある。

（17）Brunnström（2010:366-367）.

（18）Kristoffersson（2013:108-113）, Kristoffersson（2011:197-199）.

（19）Brunnström（2010:16-17）.

（20）Brunnström（2010:16-17）および2010年11月３日付の〈*Svenska Dagbladet*〉紙に掲載されたサーラ・クリストッフェション（Sara Kristoffersson）による記事「デザインの国スウェーデンにおける研究の乏しさ（Designlandet Sverige fattigt på forskning）」。

（21）Kristoffersson & Zetterlund（2012）.

（22）Kristoffersson & Zetterlund（2012）, Brunnström（2010:16）.

（23）その例として、1995年に出版された『フォルムの運動——スヴェンスク・フォルムの150年（*Formens rörelse. Svensk form genom 150 år*）』という本が挙げられる。この本のタイトルは疑わしいほど曖昧で、スウェーデンクラフトデザイン協会（スヴェンス精査した研究としては、Lundberg & Tydén in *Arbejderhistoria* (2008), Lundberg & Tydén（2010）を参照。

（4）当時首相代理を務めていたイングヴァル・カールソンが1985年に開始した社会科学研究プロジェクト、および政府内部の検討会によって、スウェーデンの政治権力に関する調査が実施された。調査の最終報告書（*Demokrati och makt i Sverige*, Stockholm: Allmänna förlaget, Statens offentliga utredningar, SOU1990:44）は1990年に公表された。

（5）Andersson, J. & Östberg（2013:379). スウェーデン社会民主党が自己とスウェーデンの歴史をどのように描いてきたかを歴史的な視座から議論した研究として、Lindeborg（2001）がある。

（6）Andersson, J. & Östberg（2013:358, 366, 408-412).

（7）Andersson, J. & Östberg（2013:16-20).

（8）言葉の用い方をめぐる政党間の争いについては、Svensson (2013）を参照。

（9）スウェーデンデザインの主流のアプローチや規範となるテイストについては、すでに1960年代に議論が起こっており、1990年代にそれが再燃した。1960年代の議論については、Robach（2010）を参照。

(10) 1990年代のスウェーデンモダニズムを最もよく表す例として、ビョルン・クソフスキー（Björn Kussofsky)、トーマス・サンデル（Thomas Sandell)、ピーア・ヴァレーン（Pia Wallén)、トム・ヘドクヴィスト（Tom Hedqvist）といった多くのデザイナーの作品を集めた1991年の「the collection Element」が挙げられる。このシリーズの基本的な特徴は、1940年代、1950年代の禁欲的なデザインを意識的に賞賛していたことにある。ここに参加したデザイナーのなかには、のちにイケアのPSコレクションにおいて重要な役割を担った者もいる。Hedqvist（2002:206-207).

(11) *Wallpaper*, Design guide Stockholm, No.11（1998).

(12) この本の著者は、フィンランド人は素材に対して生まれながら

Athen, Utrikesdepartementet, Dnr. UF 2010/68981/FIM, Kat: 4.5（LMFA）.

（41）*Främjandeplan Tel Aviv 2011-2013*, Sveriges Ambassad Tel Aviv, Utrikesdepartementet, Dnr. UF 2010/69971/FIM, Kat: 4.5（LMFA）.

（42）*Främjandeplan Bangkok 2011-2013*, Sveriges Ambassad Bangkok, Utrikesdepartementet, Dnr. UF 2010/66885/FIM, Kat: 4.5（LMFA）.

（43）*Främjandeplan 2011-2013, Sveriges Ambassad Amman*, Utrikesdepartementet, Dnr. UF 2010/68979/FIM, Kat: 4.5（LMFA）.

（44）*Främjandeplan Belgrad 2011-2013*, Sveriges Ambassad Belgrad, Utrikesdepartementet, Dnr. UF 2010/68999/FIM, Kat: 4.5（LMFA）.

（45）2009年6月1日に開催されたセミナー「スウェーデンイメージ2009――経済危機におけるスウェーデンのトレードマークとスウェーデン企業（*Sverigebilden 2009—Varumärket Sverige och svenska företag i finanskrisen*）」からの引用。2009年6月10日付の〈*Svenska Dagbladet*〉紙に掲載されたサーラ・クリストッフェション（Sara Kristoffersson）による記事「快適工場のコマーシャル休憩（Reklamavbrott i må gott-fabriken）」、およびGalli（2012:248）でも引用されている。

第5章

（1）Andersson, J. & Östberg（2013:14-21）. そのほか、Lundberg & Tydén（2010:36-49）、Andersson, J. & Hilson（2009:219-228）も参照。

（2）Brown（2008）.

（3）Hirdman（1989）は、スウェーデンモデルの歴史を再評価する出発点として重要な研究である。スウェーデンの福祉政策を歴史的に

（25） http://www.visitsweden.com.
（26） http://www.visitsweden.com.
（27） http://www.visitsweden.com.
（28） http://www.visitsweden.com.
（29） ブリットンブリットン社による「イメージバンク・スウェーデン」は、このウェブサイト内にある。本章の原注（1）を参照。
（30） Wästberg (2009).
（31） http://www.designaret.se/svensk-design/ (accessed June 1, 2013).
（32） Wästberg (2011:141).
（33） Wästberg (2009).
（34） *Översyn av myndighetsstrukturen för Sverige-, handels- och investeringsfrämjande*, Departementserie 2011:29, Utrikesdepartementet, Government Offices of Sweden, p.123.
（35） *Turistfrämjande för ökad tillväxt*, Statens offentliga utredningar, SOU 2004:17, Näringsdepartementet, Government Offices of Sweden, p.107.
（36） *Främjandeplan Ryssland 2011-2013*, Sveriges Ambassad Moskva, Utrikesdepartementet Dnr. UF2010/69681/FIM, Kat: 4.5 (LMFA).
（37） *Främjandeplan Lissabon 2011-2013*, Sveriges Ambassad Lissabon, Utrikesdepartementet, Dnr. UF2010/71903/FIM, Kat: 4.5 (LMFA).
（38） *Främjandeplan Singapore 2011-2013*, Sveriges Ambassad Singapore, Utrikesdepartementet, Dnr. UF 2010/66401/FIM, Kat: 4.5 (LMFA).
（39） *Främjandeplan för Island 2011-2013*, Sveriges Ambassad Reykjavik, Utrikesdepartementet, Dnr. UF 2010/66980/FIM: Kat, 4.5 (LMFA).
（40） *Främjandeplan Grekland 2011-2013*, Sveriges Ambassad

(16) Harvey (1989).［デイヴィド・ハーヴェイ／廣松悟訳「都市管理者主義から都市企業家主義へ――後期資本主義における都市統治の変容」『空間・社会・地理思想』第２号、36～53ページ］

(17) Fan (2010).

(18) 例えば、政府事務局 (regeringskansliet) のウェブサイト (http://www.regeringen.se/sb/d/1213/a/7499 accessed June 1, 2013) に掲載されている大臣時代のレイフ・パグロッキーのスピーチ (ストックホルムで2003年10月15日に開催されたデザイン審議会における通商産業大臣声明 *Anförande näringsminister Leif Pagrotsky vid rådslaget för design i Stockholm den 15 Oktober 2003*) を参照。パグロッキーは、2002年から2004年まで通商産業大臣、2004年から2006年まで文化大臣を務めた。

(19) スウェーデンのイメージをより明確にすること、より魅力的で近代的なものにすることを目的として、1995年にスウェーデン・プロモーション協議会 (Nämnden för Sverigefrämjande i utlandet：NSU) が設立された。また、スウェーデン文化交流協会は、スウェーデン投資促進機構 (Invest in Sweden Agency)、スウェーデン貿易公団 (Exportrådet)、ビジット・スウェーデン (Visit Sweden) 社と共同事業をおこなっている。http://www.regeringen.se/sb/d/3028 (accessed December 13, 2012).

(20) McGuire (2000).

(21) この見解は、アンホルトが調査結果を解釈したうえで示しているものである。Anholt Nation Brands Index Q1 2005. http://www.simonanholt.com/Publications/publications-other-articles.aspx (accessed June 1, 2013.)

(22) Anholt Nation Brands Index Q1 2005.

(23) コアバリューについては、http://www.visitsweden.com/sweden/brandguide/The-brand/The-Platform/Platform-Core-values/ (accessed May 2, 2013) で詳しく説明されている。

(24) http://www.visitsweden.com.

（3）Wästberg（2011:141）, Wästberg（2009）.

（4）van Ham（2001）.［日本語訳は、ピーター・ヴァン・ハム「ブランド国家の台頭」『論座』2002年4月号、朝日新聞社、289ページ］

（5）国家のブランド戦略について書かれたものは多く、特に〈*Public Diplomacy*〉や〈*Public Diplomacy Magazine*〉といったコンサルタント向けの雑誌や、Anholt（2004）, Anholt（2007）などの文献に収められている。社会学的な分析をおこなっている研究としては、Aronczyk（2013）を参照。

（6）このキャンペーンのためにつくられたグラフィックデザインはミルトン・グレイザーによるもので、現在でもニューヨークを象徴するものと見なされている。Glaser（2000:206）.

（7）この展示は、アーランダ国際空港とストックホルム・ビジネスリージョン社（Stockholm Business Region）［ストックホルム市が経済活動と観光を振興する目的で設立した会社］が「スカンジナヴィアの首都」という包括事業のもとでコラボレーションしたものである。ストックホルム市の1930年代以降の自己イメージの歴史については、Kåring Wagman（2006）を参照。

（8）Nye（2004）.［ジョセフ・S・ナイ『ソフト・パワー　21世紀国際政治を制する見えざる力』］

（9）Crowley & Pavitt（2008）.

（10）1990年代に入ると、1992年に開催されたセビリア万国博覧会、1997年に開館したビルバオ・グッゲンハイム美術館などの影響で、スペインのイメージはさらに好転した。もちろん、デザインの素晴らしさが光ったバルセロナオリンピックの影響力も大きかった。Moilanen & Rainisto（2009:5-6, 29, 72-73）, Julier（2000:125-128）.

（11）Werther（2011）.

（12）Fan（2006）.

（13）Fan（2006:11）.

（14）Fan（2006:13）.

（15）Heller（2008）.

ャンペーンについては、Dahlvig（2011:59-62）［ダルヴィッグ『IKEA モデル――なぜ世界に進出できたのか』53～57ページ］でも言及されている。

(100) Wigerfelt（2012:23-24）に引用されている見出し。

第４章

（１）この映画は、スウェーデン文化交流協会（the Swedish Institute）、および外務省が管轄するスウェーデンイメージ促進委員会（Committee for the Promotion of the Sweden Image Abroad）の委託を受けて、ブリットンブリットン（BrittonBritton）社が製作指揮を担当した。2004年以降、ブリットンブリットン社はスウェーデン文化交流協会とともに、スウェーデンの公的なマーケティングのための新たな情報伝達基盤の戦略策定と構築に携わり、2004年に新たに立ち上げられたスウェーデン公式ウェブサイト［https://sweden.se/］のヴィジュアルコンセプト策定や、「イメージバンク・スウェーデン（Image Bank Sweden）」［スウェーデンのイメージ写真を無料で提供するウェブサイト http://imagebank.sweden.se/］の制作、『スウェーデンとスウェーデン人（*Sweden & Swedes*）』というブックレットの製作出版、およびテーマに即したウェブサイト制作などをおこなってきた。このプロジェクトにおいてブリットンブリットン社が担った他の事業としては、世界各国の大使館や領事館などをめぐって開催された移動展示会「the Sweden.se」などがある。

http://www.sweden.se/eng/Home/Lifestyle/Visuals/Open-skies-open-minds/（accessed June 13, 2013）.

（２）1945年１月に創設されたスウェーデン文化交流協会は、文化、社会、経済の各領域においてスウェーデンと他国との連携を促進することを任務とし、広報活動や文化交流などをおこなっている。スウェーデン文化交流協会の歴史については、Glover（2011）を参照。

発言。

(89) 1991年に、イギリス出身のピーター・ホアベリー（Peter Horbury）がボルボのデザイン責任者として起用された。ホアベリーとともに、メキシコ人のホセ・デ・ラ・ベガ（José de la Vega）も影響力を発揮し、ボルボはスカンジナヴィアのイメージをより強くもつようになった。

(90) SASも以前は北欧的なマーカーを用いていた。例えばロゴタイプは、スウェーデン、ノルウェー、デンマークの国旗の色を配したものだった。Hemmungs Wirtén & Skarrie Wirtén（1989:64-65）. 1990年代のSASのデザインプログラムについては、Brûlé（1998:101-104）、Bowallius & Toivio（2002:18-19）を参照。

(91) Hagströmer（2001:116）、および2001年5月21日付の〈*Dagens industri*〉紙に掲載されたイェレーナ・セッテルストレーム（Jelena Zetterström）による記事「SASの新しい顔を支えるブレーン（Hjärnorna bakom SAS nya ansikte）」。

(92) デザインプログラムに関する記事に掲載されている手荷物運搬車の写真より。Andersson, O.（1999）.

(93) Petersson, M.（2003）.

(94) Hamilton（1994）, Lewis, R. W.（1996）.

(95) Wickman（2009）、識別番号のないカタログ、Atle Bjarnestam（2009:73-82）より。

(96) *Designed for People. Swedish Home Furnishing 1700-2000*（IHA）p.17.

(97) Londos（1993:179-181）.

(98) 2004年10月23日付の〈*Dagens Nyheter*〉紙に掲載されたオイッビオ・ポリーテ（Oivvio Polite）による記事「誰もが知っているグローバルなBGM（Global hissmusik på var mans vägg）」における、イメージ部門の仕入れ責任者でもあるイケアの商品開発者へのインタビュー。

(99) このプロジェクトについては、Wigerfelt（2012）に詳しい。キ

(77) 製造過程を現代的なやり方に適応させるケースもあった。例えば、環境規制が厳格化されたために、亜麻仁油にシンナーを混ぜたオイル塗料を家具に使用することができず、代わりに水性塗料が用いられた。Stavenow-Hidemark（1993:31-33）.

(78) *1700-tal*（IHA）p.3.

(79) このコレクションはメディアでの評判がよく、国際的に注目を集めた。これについてはHowe（1999:94-105）で分析されている。

(80) このプロジェクトは、コンサルタントであったステファン・ユッテルボーン（Stefan Ytterborn）とともにレンナート・エークマルクが担当した。*Scandinavian Collections 1997*におけるエークマルクによる報告より。ユッテルボーンも、Cabra & Nelson（2004:48-52）でこのコラボレーションについて語っている。もう一つのＰＳコレクション「子どものためのPS」も、1995年から販売されている。

(81) Howe（1999:94）.

(82) Wickman（1995）.

(83) Hogdal（1995:64-67）.

(84) 例えば、Beckman（1995:44-49）も参照。

(85) Howe（1999:104）.

(86) Werner（2008（2）:185）で引用されている1956年のキャッチコピー。

(87) 1960年代の間にスウェーデンへの言及は姿を消し、代わりに北欧諸国に触れることが多くなった。ナショナル・マーカーは後景に退いたが、だからと言ってボルボがスウェーデンとのつながりを捨て去ったわけではない。この時点では、すでにボルボがスウェーデン発祥であることはよく知られており、マーケティングにおいてそれを強調する必要はないと見なされていた。Werner（2008（2）:187-190）より。Zetterlund（2002:72-73）も参照。

(88) Werner（2008（2）:192）において、Karjalainen（2004）およびZetterlund（2002:73）から引用されている匿名のデザイナーの

点では、この四つのスタイルは「スカンジナヴィアン・トラディショナル」「スカンジナヴィアン・モダン」「ポピュラー・モダン」「ポピュラー・トラディショナル」と呼ばれており、それぞれに下位区分をもっている。*Insight, IKEA IDEAS*, March 2012, Issue 87（IHA）.

(68) エークマルク、リーア・クムプライネンへのインタビュー（2009年）より。Atle Bjarnestam（2009:205-209）, Stenebo（2009:107-108）も参照。

(69) Stenebo（2009）.

(70) イケアの商品には、例えばタピオ・ヴィルカラ、ヴィコ・マジストレッティ［Vico Magistretti, 1920～2006］、ヴァーナー・パントン［Verner Panton, 1926～1998］といった著名デザイナーがデザインしたものが含まれている。Wickman（2009）および識別番号のないカタログも参照。

(71) よく知られた例として、ヘラ・ヨンゲリウス［Hella Jongerius, 1963～］とイケアのコラボレーションが挙げられる。デザイナーが次第に注目を集めるようになったということに関しても、Wickman（2009）および識別番号のないカタログで言及されている。

(72) *Scandinavian Collections 1996-97*［DVD］（IHA）, *Stockholm*（IHA）, *1700-tal*（IHA）, *PS*（IHA）.

(73) *Scandinavian Collections* 1997に収録されているレンナート・エークマルクへのインタビューより。

(74) *Vackrare vardag*（IHA）.

(75) *Vackrare vardag*（IHA）.

(76) イケアに協力したのは、18世紀スタイルの専門家であり、ストックホルムにある国立美術館の管理の仕事もしていたラーシュ・ショーベリィ［Lars Sjöberg, 1941～］であった。*Svenskt 1700-tal på IKEA i samarbete med Riksantikvarieämbetet*（Älmhult: Inter IKEA Systems/Riksantikvarieämbetet, 1993）.

209), Dahlvig (2011:94-97) [ダルヴィッグ『IKEA モデル——なぜ世界に進出できたのか』103ページ] も参照。

(60) Atle Bjarnestam (2009:205-209), Dahlvig (2011:94-97). [ダルヴィッグ『IKEA モデル——なぜ世界に進出できたのか』109ページ]

(61) *The IKEA Concept* 2011 (IHA) p.24. このことは、多くのマニュアルで繰り返し述べられている。Dahlvig (2011:94-97) [ダルヴィッグ『IKEA モデル——なぜ世界に進出できたのか』104ページ] も参照。

(62) エークマルク、リーア・クムプライネンへのインタビュー (2009年) より。Atle Bjarnestam (2009:205-209), Dahlvig (2011:94-97) [ダルヴィッグ『IKEA モデル——なぜ世界に進出できたのか』106～107ページ] も参照。

(63) Brunnström (2010:352). インターイケア文化センターにおける展示「イケアの探究」にも、標準パレットの重要性についての説明がある。

(64) エークマルク、リーア・クムプライネンへのインタビュー (2009年) より。Atle Bjarnestam (2009:205-209) も参照。

(65) このシステムを考案したのはレンナート・エークマルクであった。リーア・クムプライネンへのインタビュー (2009年)、Atle Bjarnestam (2009:205-209), Bengtsson (2009) におけるエークマルクへのインタビュー、および識別番号のないカタログを参照。

(66) エークマルク、リーア・クムプライネンへのインタビュー (2009年) より。Atle Bjarnestam (2009:205-209), Bengtsson (2009) におけるエークマルクへのインタビュー (2009年)、ページ番号のないカタログも参照。

(67) イケアのマニュアルを調査したところ、これまでにスタイルの名称が変更されたうえで存続しているスタイルグループが複数あった。ここに挙げた四つのグループは、なかでも主要なものだと言える。Atle Bjarnestam (2009:205-209) を参照。2012年の時クマルクへのインタビュー（2011年）より。レーナ・ラーションとNKデパート住居部門の業務内容については、Larsson, L.（1991）を参照。

(48) Werner（2008（2）:345).

(49) このときの展示会の重要性については、Halén & Wickman（2003）のなかのいくつかの論文が言及している。特に、Selkurt（2003), およびKalha（2003）を参照。

(50) Kalha（2003:70).

(51) Selkurt（2003:63).

(52) Kalha（1998).

(53) Hård af Segerstad（1962:7).

(54) Hagströmer（2003:93).

(55) Brunnström（2010:14), Werner（2008（2）:343-346).

(56) イケアにおけるエークマルクのポジションについては、第2章の原注（141）を参照。

(57)「生活状況（Living Situation)」という用語が造られる以前は、「家庭での生活（Live at Home、スウェーデン語ではLivet Hemma)」という表現が用いられていた。レンナート・エークマルクとリーア・クムプライネン（Lea Kumpulainen）へのインタビュー（2009年6月12日)、およびレンナート・エークマルク提供の「Livet Hemma」関連の文書（日付なし）より。

(58) エークマルク、リーア・クムプライネンへのインタビュー（2009年）より。

(59)「グローバルな基準」はあるが、地域ごとのバリエーションも存在している。例えば、アメリカでのベッドのサイズ展開はイギリスのキングサイズ、クイーンサイズに準じているが、ワードローブのサイズは異なっている。アメリカ人は洋服を畳んで収納することを好み、イタリア人はハンガーを用いることを好むといった事情があるためだ。エークマルク、リーア・クムプライネンへのインタビュー（2009年）より。Atle Bjarnestam（2009:205-

Rudberg（1999）, Eriksson（2001）を参照。

(42) グンナル・アスプルンド［Gunnar Asprund, 1885～1940：北欧のモダニズムに多大な影響を与えた建築家］、ヴォルテル・ガン［Wolter Gahn, 1890～1985］、スヴェン・マルケリウス［Sven Markelius, 1889～1972］、エスキル・スンダル［Eskil Sundahl, 1890～1974］、ウーノ・オレーン［Uno Åhrén, 1897～1977］との共著『アクセプテーラ』（1931年）は、Creagh, Kåberg & Miller Lane（2008）に収録されている。原著は社会民主党が所有する出版社 Tiden 社から出版された。社会民主党の党首であったペール・アルビン・ハンソンは、パウル・ヘドクヴィスト［Paul Hedqvist, 1895～1977］がデザインしたテラスハウスに転居している。スウェーデンのモダニズム建築と住宅政策については、多くの研究が行われている。Eriksson（2001）, Rudberg（1999）を参照。一般的に、スウェーデンのモダニズムは柔軟で中庸であったと言われる。最近では、スウェーデンのモダニズムは、むしろ妥協を許さない厳格なイデオロギー的土台をもち、労働者と資本家の間の一種の相互理解であったという主張も見られる。Mattsson & Wallenstein（2009）.

(43) すべてのテキストの英語版が、コメント付きで Creagh, Kåberg & Miller Lane（2008）に収録されている。

(44) Johansson（1955）.

(45) Göransdotter（1997）, Brunnström（2010）.

(46) イケアのウェブサイト内「スウェーデンの伝統」のページにある記述。
http://www.ikea.com/ms/en_GB/about_ikea/the_ikea_way/swedish_heritage/index.html（accessed October 10, 2013）.

(47) 1960年代末にイケアがルームセットを導入した際、主に参照したのは NK のインテリアデザインとディスプレイであった。NK デパート住居部門の美術デザイナーであったレーナ・ラーション（Lena Larsson）は、のちにイケアから賞を受け取っている。エー

Three Dimensions at IKEA, p.9.

(35) Göransdotter (1997).

(36) Key (2008).

(37) Key (2008:35).

(38) Key (2008:43-44).

(39) イケアのウェブサイト内「スウェーデンの伝統」のページにある記述。http://www.ikea.com/ms/en_GB/about_ikea/the_ikea_way/swedish_heritage/index.html (accessed October 10, 2013).［日本語訳は、http://m.ikea.com/ms/ja_JP/about_ikea/the_ikea_way/swedish_ heritage/index.html (2015年3月23日閲覧)］Werner (2008 (2) :374) には、イケアがロンドンのヴィクトリア&アルバート博物館で開催されたラーション作品の展示会「カール&カーリン・ラーション―スウェーデンスタイルの創造者たち (*Carl and Karin Larsson. Creators of the Swedish Style*)」のスポンサーを務めていたという事実が示されている。

(40) エレン・ケイの論文「子どもの教育」(1900年、1909年) は、エドワード・ボックによる序言を付して『児童の世紀』の英訳版 (New York: G.P. Putnamn's Sons, 1912) に再録されている［邦訳は、小野寺信・小野寺百合子訳『児童の世紀』(冨山房、1979年) の第2部第1章「教育」。ただし、ボックによる序言は収録されていない］。スウェーデンにおいて家族政策や自由なしつけといった概念が定着したのは、1930年代から1940年代にかけてであった。Vinterhed (1977:209) を参照。

(41) グレゴール・パウルソン、および彼の1915年から1925年にかけての活動については、Ivanov (2004) を参照。機能主義の考え方が初めて提示されたのは、ストックホルム博覧会の住宅建築の展示においてであったが、この理念と美的表現に対する人々の反応は、決して肯定的なものではなかった。博覧会の期間中、パウルソンとカール・マルムステンの間では根深い敵意の混じった論争 (「スロイド闘争 (Slöjdstriden)」と呼ばれる) が行われていた。

り。http://m.ikea.com/ms/ja_JP/about_ikea/the_ikea_way/swedish_ heritage/ index.html（2015年３月23日閲覧）］

(24) Nordlund（2000）.

(25) イケアのウェブサイト内「スウェーデンの伝統」のページにある記述。http://www.ikea.com/ms/en_GB/about_ikea/the_ikea_way/swedish_heritage/index.html（accessed October 10, 2013）.［日本語訳は、http://m.ikea.com/ms/ja_JP/about_ikea/the_ikea_way/swedish_heritage/index.html（2015年３月23日閲覧）］自然に関しては、基本的に同じような考え方が社内にも普及している。*Our Way* 2008（IHA）、*Our Way Forward* 2011（IHA）を参照。

(26) Larsson, O., Johansson, L. & Larsson, L.-O.（2006）.

(27) *Our Way Forward* 2011（IHA）p.45.

(28) 元CEOのアンダシュ・ダルヴィッグへのインタビュー。Wigerfelt（2012:31）から引用。

(29) イケアのウェブサイト内「スウェーデンの伝統／スウェーデンの社会」のページにある記述。http://www.ikea.com/ms/en_GB/about_ikea/the_ikea_way/swedish_heritage/index.html（accessed October 10, 2013）.［日本語訳は、http://m.ikea.com/ms/ja_JP/about_ikea/the_ikea_way/swedish_heritage/index.html（2015年３月23日閲覧）］

(30) Hirdman（1990［2nd edition］:282-284）.

(31) Childs（1936）.［M・W・チャイルヅ／賀川豊彦・島田啓一郎訳『中庸を行くスヰーデン—世界の模範國』豊文書院、1938年］

(32) ペール・アルビン・ハンソンが1928年にスウェーデン国会下院で行ったスピーチ。1920年から1965年までのスウェーデン史、およびスウェーデン福祉国家の初期の概要については、Hirdman, Björkman & Lundberg（2012）を参照。

(33) Hirdman, Björkman & Lundberg（2012）, Andersson, J.（2009）.

(34) *Democratic Design. A Book About Form, Function and Price:*

れるようになった。Atle Bjarnestam（2009:209).

(16) Atle Bjarnestam（2009:209). 商品の名付け方については、エルムフルトのインターイケア文化センターにおける展示「イケアの探究（*IKEA Explore*)」においても説明されている。

(17) 2011年2月21日付の〈*Expressen*〉紙に掲載されたトーマス・ペッテション（Thomas Pettersson）による記事「イケアはこうしてスウェーデンのミートボールを世界に広めた（Så spred IKEA den svenska köttbullen över världen)」におけるユルヴァ・マグヌッソン（Ylva Magnusson）へのインタビューより。ミートボールがイケアに導入されたのは1970年だったという説もある。Björk（1998:40）を参照。

(18) Metzger（2005:30). ロラン・バルトは「神話」を、概念や現象に付されてはいるが現実には存在していない意味の層であるとしている。異なる言葉や現象に寄生している、可能ではあるが自明ではない組合せ、あるいはメッセージである。Barthes（2012[1957]:215-274). ［ロラン・バルト／篠沢秀夫訳『神話作用』現代思潮社、1967年、139～211ページ］

(19) ほとんどすべての商品に、イケアフードサービス社のブランド名が付けられている。イケアフードサービス社は、スウェーデン食品業界の最大手企業で、2010年の売上高は11億ユーロ［約1,441億円］に達している。Pettersson（2011).

(20) Ehn, Frykman & Löfgren（1993:52, 95).

(21) Howkins（1986:62-88).

(22) 当時、スウェーデンの人々の気質は民族的な遺伝あるいは地域性によるものだと考えられていた。例えば、当時広く読まれていた『スウェーデン人の気質（*Det svenska folklynnet*)』（1911年）という本には、スウェーデン人には自然への愛情が先天的に備わっていると書かれている。Sundbärg（1911).

(23) *Marketing Communication. The IKEA Way*（IHA）p.46.［日本語訳は、イケアのウェブサイト内にある「スウェーデンの伝統」よ

Bjarnestam（2009:104），Boisen（2003:126）を参照。

（5）この広告は、ランスクローナ博物館に所蔵されている。

（6）イケアを紹介する際に「スウェーデンらしさ」がよく用いられるということについては、イケア自身も何度も強調している。例えば、*Marketing Communication. The IKEA Way*（IHA）p.46などを参照。

（7）リースマリー・マークグレンへのインタビュー（2011年）より。

（8）スウェーデン人のメンタリティに関する研究は数多く存在するが、そのほとんどがスウェーデン語で書かれている。英語で読めるものとしては、O'Dell（1998:20-37），Frykman（2004:121-132）などがある。

（9）Anderson, B.（1983:15）. ナショナル・アイデンティティの観念に関する研究は豊富である。一般的なものとしては、Delanty & Kumar（2006）を参照。スウェーデンに特化した研究としてLundberg & Tydén eds.（2008）がある。そのほか、Hall（1998）、Almqvist & Linklater（2011）など。

（10）自動車産業の事例については、Sparke（2004:206）で言及されている。

（11）Daun（1989:223）, Karlsson, J. C. H.（1994）.

（12）グレイザーは様々な文脈にわたって多くの名言を残している。http://www.how-to-branding.com/Logo-Design-Theory.htlm（accessed November 25, 2013）などを参照。

（13）Hyland & Bateman（2011）では、多少なりとも知られている1,300種のシンボルやロゴタイプが収集され、分類の上、コメントが付されている。

（14）赤と白のロゴタイプは、スカンジナヴィアでは1997年まで使用されていた。イケア歴史アーカイブのヒューゴ・サリーンからの情報（2013年6月23日）。

（15）商品名はスカンジナヴィアに関連するものが基本原則となっている。イケアが世界進出を果たしたのち、この原則は一層重視さリーンからの情報（2013年６月26日）。ヴィルカラの平皿は、アメリカの雑誌〈*House Beautiful*〉の「1951年の最も美しいプロダクト」に選ばれており、今でも北欧デザインのアイコンと見なされている。例えば、「スカンジナヴィアのデザイン」展のポスターとカタログの表紙は、この平皿をモチーフにしている。Halén & Wickman（2003:59）.

(141) レンナート・エークマルクへのインタビュー（2011年12月16日）より。エークマルクは、1960年代から1990年代までイケアの重職を歴任した人物である。Bengtsson（2010:149-157）およびBengtsson（2009）におけるエークマルクへのインタビューを参照。そのほか、識別番号のないカタログ、Anderby（1983:20-23），Snidare（1993:12-15）を参照。

(142) ウッラ・クリシャンソン（Ulla Christiansson）へのインタビュー（ストックホルム、2011年12月22日）より。この広告に用いられたインテリアデザインは、クリシャンソンとローヴェ・アルベン（Love Arbén）によるもの。

(143) イケアグループの企業コミュニケーション部門の責任者ヘレン・デュプホーン（Helen Duphorn）およびイケアリテールサービス社グローバルコミュニケーション部門の管理職レーナ・シモンソン＝ベリエ（Lena Simonsson-Berge）へのインタビュー（ヘルシンボリ、2013年６月25日）より。

第３章

（１）イケア歴史アーカイブのヒューゴ・サリーンからの情報（2013年６月26日）。

（２）*IKEA Catalog* 1955（IHA）.

（３）イケア歴史アーカイブのヒューゴ・サリーンからの情報（2013年６月26日）。

（４）スウェーデンの広告賞「金の卵（Guldägget）」賞。この広告の重要性を指摘する人は多い。Salzer（1994:2-3），Atle

とだった。Heller（2007:157）を参照。

(129) この広告は、アメリカ市場で他者と差別化しながらイケアを売り出すためのキャンペーンの一環として、アメリカの広告代理店ドイチュ（Deutsch）社が製作した。キャンペーンに着手するにあたり、事前にストックホルムのブリンドフォシュ社で１週間の講座が開かれた。ウーラ・リンデルからのＥメール（2013年８月20日）より。

(130) Boisen（2003:120）.

(131) ハンス・ブリンドフォシュへのインタビュー（2012年）より。Boisen（2003）.

(132) ハンス・ブリンドフォシュへのインタビュー（2012年）より。広告とコピーは、ハンス・ブリンドフォシュの個人コレクションを著者が譲り受けたもの。これらの広告は1980年代初頭のものだが、正確な日付は不明。ブリンドフォシュ社の広告の多くは、ランスクローナ美術館のアーカイブに所蔵されている。

(133) ハンス・ブリンドフォシュの個人コレクションから著者が譲り受けた広告より。

(134) ベッドの広告では、イケアのベッドとスウェーデンのDux社のものが比較されている。

(135) ハンス・ブリンドフォシュの個人コレクションから著者が譲り受けた広告より。

(136) 大雑把な非難に留まるものあれば、訴訟に持ち込まれるようなものもある。イケアは、スウェーデン企業のベビー・ビョルン（Baby-Björn）社とアメリカのマグライト（Maglite）社から訴訟を起こされたことがある。Atle Bjarnestam（2009:215）.

(137) Boman（1991:427）.

(138) Atle Bjarnestam（2009:215-217）.

(139) Bengtsson（2010:64-65）.

(140) このテーブルは納入業者から購入したもので、デザインに関してイケアには責任はない。イケア歴史アーカイブのヒューゴ・サ

(116) このストーリーは、「伝統」という見出しでドゥ・ラ・メール社のウェブサイトに掲載されている。http://www.cremedelamer.com/heritage (accessed June 22, 2013).

(117) Gremler, Gwinner & Brown (2001).

(118) このストーリーは、コカ・コーラ社のウェブサイト上でカテゴリーごとに掲載されている。http://www.coca-colacompany.com/stories/coca-cola-stories (accessed June 1, 2013).

(119) *Svenska folkets möbelminnen*, 2008.

(120) 広告代理店ブリンドフォシュ社は、イケアがどのような考えをもっているかを説明する際などには、スウェーデン国外の代理店とも協力して仕事にあたった。ハンス・ブリンドフォシュへのインタビュー(2012年1月20日)、ウーラ・リンデルへのインタビュー(2011年)より。リンデルは1980年代にブリンドフォシュで働いていたが、のちにイケアに移った。

(121) *Marketing Communication. The IKEA Way* (IHA).

(122) リースマリー・マークグレンへのインタビュー(2011年)より。

(123) 本書のインタビューに応じてくれた人はほぼ全員、ブリンドフォシュ社が重要な役割を果たしたことを強調している。イケアとブリンドフォシュ社の協力体制については、Boisen (2003:120-133) も参照。

(124) 創造革命については、Cracknell (2011) を参照。

(125) グラフィックデザインは、ヘルムート・クローン (Helmut Krone) によるもの。Cracknell (2011:83-100) も参照。

(126) Cracknell (2011:83-100).

(127) スウェーデンの広告代理店のなかには、ブリンドフォシュ社よりも早く創造革命の影響を受けていた会社もあった。初期の著名な例として、アメリカの先駆者の影響を強く受けた広告を1950年代から製作していたスティグ・アーブマン株式会社 (Stig Arbman AB) がある。Boisen (2003:25-26).

(128) ランドがIBMのポスターの判じ絵を製作したのは1981年のこ

ージ]。

(96) Torekull (2011:209-210).

(97) Torekull (2008:209) で引用されているカンプラードの発言 [日本語訳は、トーレクル『イケアの挑戦——創業者は語る』283頁を一部改変]。ヴィグフォシュはスウェーデン社会民主党の思想的な指導者の一人で、財務大臣在任中、福祉政策の策定において主要な役割を担った。市場経済自体には批判的であった。

(98) Bengtsson (2010:232) で引用されているカンプラードの発言。

(99) Bengtsson (2010:192).

(100) Jones (2010:163-164).

(101) Sjöberg (1998:220). 識別番号のない写真も参照。

(102) Salzer (1994).

(103) *IKEA Toolbox,* June 26, 2013.

(104) *IKEA Stories 1* (IHA), *IKEA Stories 3* (IHA), *IKEA Stories 1* [DVD] (IHA), *10 Years of Stories From IKEA People* (IHA).

(105) *10 Years of Stories From IKEA People* (IHA) p.26.

(106) *IKEA Stories 1* (IHA) p.7.

(107) Eron Witzel, Belgium, *IKEA Stories 1* (IHA) pp.7-8.

(108) Laurie Hung, Canada, *IKEA Stories 1* (IHA) p.23.

(109) Gerwin Reinders, the Netherlands, *IKEA Stories 1* (IHA) p.32.

(110) http://www.IKEA.com/ms/en_GB/about_IKEA/the_IKEA_way/history/1940_1950.html
(accessed June 13, 2013). *IKEA Stories 1* (IHA) p.30も参照。

(111) Roland Norberg, Sweden, *IKEA Stories 1* (IHA) p.24.

(112) *BILLY—30 år med BILLY* 2009.

(113) *BILLY—30 år med BILLY* 2009, p.41.

(114) *BILLY—30 år med BILLY* 2009, p.53.

(115) このストーリーについては、Rampell (2007:95) で詳述されている。

ること）を「内部」から描き出している（Salzer,1994:96-99）。

(81) 例えば、Torekull（2008）［トーレクル『イケアの挑戦――創業者は語る』］, Lewis（2008:35）, Atle Bjarnestam（2009:14-15）, Swanberg（1998）, Björk（1998:42）, Stenebo（2009:43-44）を参照。カンプラードの発言を集めたものとしては、トーレクルが編集した *Kamprads lilla gulblå. De bästa citaten från ett 85-årigt entreprenörskap*（2011）がある。

(82) Salzer（1994）, Salzer-Mörling（2004）.

(83) 1997年以降、この調査はイェテボリ市の MedieAkademin によって実施されている。これは公的機関や企業、メディアの信用度を計るもので、イェテボリ大学のセーレン・ホルムベリィ（Sören Holmberg）とレンナート・ヴェイブル（Lennart Weibull）がデータの収集と分析の責任者となっている。

(84) Torekull（2008:312）.［日本語訳は、トーレクル『イケアの挑戦――創業者は語る』420〜421ページを一部改変。］

(85) Torekull（2011:26）で引用されているカンプラードの発言。

(86) Torekull（2011:27）.

(87) 1981年12月17日付の〈*Dagens Industri*〉紙で引用されているカンプラードの発言。

(88) このストーリーについては、Heijbel（2010:99）で詳述されている。

(89) *IKEA Stories 1*（IHA）p.17.

(90) Torekull（2011:77）.

(91) Torekull（2011:89, 90）.［日本語訳は、トーレクル『イケアの挑戦――創業者は語る』414ページを一部改変。］

(92) Torekull（2011:51）, Salzer（1994:132-143）.

(93) *The IKEA Concept*（IHA）p.50.

(94) *The IKEA Concept*（IHA）p.34.

(95) Torekull（2011:36）で引用されているカンプラードの発言［日本語訳は、トーレクル『イケアの挑戦――創業者は語る』282ペ

(64) http://www.IKEA.com/ms/sv_SE/about_IKEA/the_IKEA_way/faq/ (accessed June 13, 2013).

(65) Björling (2010).

(66) イケアコミュニケーション社のヘレン・フォン・レイス (Helene von Reis) の発言。Björling (2010) から引用。

(67) *IKEA Concept Description* (IHA) p.47. Salzer (1994: 98, 102-104) にも、スタッフがストアを「セールスマシン」と表現していることが記されている。

(68) *Our Way* の第2版も初版と同じ構造をしているが、図版は現代風になっている。*Our Way. The Brand Values Behind the IKEA Concept* 1999, 2008 (IHA).

(69) *Our Way. The Brand Values Behind the IKEA Concept* 2008.

(70) *Our Way Forward. The Brand Values Behind the IKEA Concept* 2011 (IHA).

(71) 筆者が参加した社内研修「イケア・プログラム2012」より。マーケティング部門の経営幹部ウーラ・リンデル (Ola Lindell) へのインタビュー（ストックホルム、2011年11月9日)、およびリンデルからのEメール (2013年11月9日) も参照。

(72) Torekull (2008:160) [トーレクル『イケアの挑戦——創業者は語る』219〜221ページ], Atle Bjarnestam (2009:197).

(73) Ingvar Kamprad, *Framtidens IKEA-varuhus.* イケアの元従業員が筆者に提供してくれた文書。1989年10月10日の日付がある。

(74) *Range Presentation* 2002 (NLC).

(75) Ingvar Kamprad, *Framtidens IKEA-varuhus.*

(76) *Range Presentation* 2000, 2001 (NLC).

(77) *Range presentation* 2002 (NLC).

(78) *Range Presentation* 2000, 2001 (NLC).

(79) *IKEA Symbolerna. Att leda med exempel* (NLC) p.13.

(80) *Range presentation* 2002 (NLC). サルツァーは、営利企業的な面（販売量を競わせることによって売り上げを伸ばそうとしていトール社は1992年に経営難に陥り、イケアに買収された。Björk（1998:262），Bengtsson（2010:66-67）を参照。
(48) *IKEA Concept Description*（IHA）p.7, 13.
(49) イケア歴史アーカイブのヒューゴ・サリーン（Hugo Sahlin）からの情報（2013年6月26日）。
(50) このことは一連のマニュアルに記載されている。*IKEA Concept Description*（IHA）、*The IKEA Concept*（IHA）などを参照。
(51) Atle Bjarnestam（2009:199), Björk（1998:158).
(52) *IKEA symbolerna. Att leda med exempel,* 2001（NLC）p.28.
(53) Salzer（1994:86-87).
(54) Björk（1998:158).
(55) *IKEA Match* 1, August 31, 1979（IHA). このプロジェクトは、社内広報、商品供給など社内の様々な部門について検討する12のグループから成っていた。Björk（1998:158).
(56) イケア歴史アーカイブ所蔵の *IKEA Match* コレクションより。
(57) Björk（1998).
(58) 他の社内キャンペーンとして、「文化の年（Kulturåret)」「節約の年（Sparåret)」(1990年)、「新たな局面（Nytt läge)」(1994年）など。Björk（1998:159-160).
(59) ハンへのインタビュー（2012年）より。*Our Way. The Brand Values Behind the IKEA Concept*（IHA）も参照。
(60) *IKEA Concept Description*（IHA）p.7.
(61) *The Origins of the IKEA Culture and Values*（IHA）p.25.［日本語訳は、イケアジャパンのウェブサイト「イケアバリュー（イケアの価値観)」(http://www.ikea.com/ms/ja_JP/this-is-ikea/working-at-the-ikea-group/index.html　2015年3月23日閲覧)］
(62) ハンへのインタビュー（2012年）より。*IKEA Concept Description*（IHA), *KEA Values. An essence of the IKEA Concept*（IHA）も参照。
(63) *IKEA Concept Description*（IHA).

(34) Fog *et al.* (2010:34).

(35) http://nikeinc.com/pages/history-heritage (accessed October 8, 2013). 歴史については、Fog *et al.* (2010:53-54, 61, 82) も参照。

(36) van Belleghen (2012:69).

(37) アップル社の歴史については、Fog *et al.* (2010:165-166) を参照。

(38) この文章には「ミッション・ステートメント」という見出しがつけられている。http://www.benjerry/activism および http://www.benjerry.se/vara-varderingar (accessed June 5, 2013).

(39) http://www.benjerry.com/flavors/our-flavors/ (accessed June 5, 2013).

(40) Heath & Potter (2005). [ジョセフ・ヒース&アンドルー・ポター/栗原百代訳『反逆の神話――カウンターカルチャーはいかにして消費文化になったか』NTT 出版、2014年]

(41) Salzer (1994:63).

(42) エルムフルトのインターイケア文化センター株式会社 (Inter IKEA Culture Center AB, Älmhult) 発行のポストカード。イケア歴史アーカイブ所蔵。同様に問題解決に向けたイケアの挑戦について説明するカードは、40種類ほどつくられている。

(43) イケアのドレスコードについては、Torekull (2008:163) [トーレクル『イケアの挑戦――創業者は語る』222ページ]、Salzer (1994:125), Stenebo (2009:126) を参照。

(44) Salzer (1994:144-156).

(45) *IKEA Toolbox*, Helsinborg, December 3, 2010.

(46) サルツァーは、カナダとフランスの企業文化を比較している。ロシア、中国、日本の企業文化における知識伝達については、Jonsson (2007) が分析している。Wigerfeldt (2012) は、いわゆるスウェーデン管理モデルがグローバルな文脈でいかに機能するかを、中国に焦点を当てて分析している。

(47) ハンへのインタビュー (2012年) より。のちに合意が成立。ス

ケアの挑戦――創業者は語る』190、204、208～209ページを一部改変]

(21) *The IKEA Concept*（IHA）p.6.

(22) *The IKEA Concept*（IHA）pp.39-58.

(23) *The IKEA Concept*（IHA）p.51.

(24) この研修はマッツ・アグメン（Mats Agmén）がつくったものである。インターイケアシステムズ・ＢＶ社におけるイケアコンセプトの監査責任者マッツ・アグメンへのインタビューより（ヘルシンボリ、2012年９月21日）。研修記録フィルム *IKEAs rötter. Ingvar Kamprad berättar om tiden 1926–1986*（IHA）に収められているアグメンへのインタビューも参照。

(25) *The Future is Filled With Opportunities* 2008（IHA）.

(26) サルツァーもこれを確認している。彼女はフィールド調査をするなかで、スタッフからこのストーリーに関して様々な長さのバージョンを聞いたという。Salzer（1994）、特に 'The Saga About IKEA' の章（pp.57-69）を参照。

(27) *The Future is Filled With Opportunities* 2008（IHA）p.40.

(28) *The Future is Filled With Opportunities* 2008（IHA）p.65.

(29) *The Future is Filled With Opportunities* 2008（IHA）p.73.

(30) *The Future is Filled With Opportunities* 2008（IHA）p.79.

(31) Salzer（1994:16）.

(32) アリストテレスが紀元前４世紀に書いた詩より。物語が最大の効果を発揮するような構成とはどうあるべきかを説明したもの。彼はストーリーを「はじめ」「なか」「おわり」に分けた。「企業のストーリーテリング」との関係についての詳細は、Fog, Budtz, Munch & Yakaboylu（2010 [2003]:30-44）を参照。

(33) Swanberg（1998:20）におけるカンプラードへのインタビューより。カンプラードは別のインタビューにおいてもスウェーデンの社会民主主義と福祉政策に言及している。Bengtsson (2010:232).

ーヒー／紅茶／スカッシュを飲む」といった意味で使われる。たいていは、何か甘いものを一緒に食する。イケア文化センターには、従業員向けの対話型展示「探求（*Explore*）」が設置されているが、これとは別に、一般向けの対話型展示「時代を超えるイケア（*IKEA Through the Ages*）」もある。*IKEA Tillsammans*（IHA）および2012年に筆者が参加した講座「イケアブランド・プログラム」より。

（8）アクティビティは約50種類から選択できる。*IKEA Tillsammans*（IHA）.

（9）イケアの文化部門の経営幹部ペール・ハン（Per Hahn）へのインタビュー（2012年6月26日）より。テスタメントを神聖な書物と見なしているのは彼だけではない。例えば、Torekull（2008:138）［トーレクル『イケアの挑戦——創業者は語る』190ページ］や、*The IKEA Concept*（IHA）p.22などを参照。「より快適な毎日を、より多くの方々に」というビジョンは、イケアの社内マニュアルでマントラのように繰り返されている。

（10）*The IKEA Concept*（IHA）p.28.［以下、*The IKEA Concept* から引用されているテスタメントの日本語訳は、トーレクル『イケアの挑戦——創業者は語る』に収録されている「ある家具商人の書」を参照（一部改変）。］

（11）*The IKEA Concept*（IHA）p.26.

（12）*The IKEA Concept*（IHA）p.27.

（13）*The IKEA Concept*（IHA）p.28.

（14）*The IKEA Concept*（IHA）p.29.

（15）*The IKEA Concept*（IHA）p 31.

（16）*The IKEA Concept*（IHA）p.32.

（17）*The IKEA Concept*（IHA）p.32.

（18）*The IKEA Concept*（IHA）p.37.

（19）Björk（1998:47, 60-61）.

（20）Torekull（2008:138, 151, 156）.［日本語訳は、トーレクル『イ

Lewis（2008）. Lewis（2008）はデザイン史に関する研究だが、彼女は企業内の文書にはアクセスしておらず、スタッフへのインタビューも実施していない。

（42）Torekull（2008）.

（43）Sjöberg（1998）.

（44）Stenebo（2009）.

第2章

（1）*The Future is Filled With Opportunities* 2008（IHA）p.6.

（2）イケアによれば、このテスタメントは1976年につくられた。『未来は可能性に満ちている』とともに幾度も版を重ね、数か国語に翻訳されている。テスタメントには、様々なマニュアルも収められている。本書では、2011年版の *The IKEA Concept, The Testament of a Furniture Dealer, A Little IKEA Dictionary*（IHA）を使用した。

（3）*IKEA Concept Description*（IHA）.

（4）*IKEA Tillsammans*（IHA）.

（5）*The Stone Wall: A Symbol of the IKEA Culture*（IHA）を参照。石垣がシンボルとして用いられるようになったのは、1980年代初めのことである。石垣について説明しているパンフレットには、石垣が何を象徴しているのか、イケアとどのような関係があるのかについては明記されていない。つまり、石垣はイケアにとって一種のメタファーなのだろう。石垣が「永続的なものとして構築された」ということと、「イングヴァル・カンプラードがイケアの会社組織を永続的なものとして構築した」という主張とが対比されている。識別番号のないパンフレットを参照。

（6）*Democratic Design. The Story About the Three Dimensional World of IKEA: Form, Function and Low Prices*（IHA）. イケア歴史アーカイブ所蔵の識別番号のないカタログも参照。

（7）「フィーカ（fika）」はスウェーデン語の動詞および名詞で、「コ著者であるレンナート・ダールグレン（Lennart Dahlgren）はイケアの元スタッフで、ロシアの現地法人設立に関わった。

(30) Giddens (1991). ［アンソニー・ギデンズ／秋吉美都・安藤太郎・筒井淳也訳『モダニティと自己アイデンティティ―後期近代における自己と社会』ハーベスト社、2005年］

(31) 2007年12月9日付の〈*Svenska Dagbladet*〉紙に掲載されたベアトルド・フランケ（Berthold Franke）による記事「ドイツ人が自分たちの『やかまし村』を見つけた（Tyskarna har hittat sin Bullerbü)」。

(32) Mazur (2012).

(33) インターイケアシステムズ社のリースマリー・マークグレン（Lismari Markgren）へのインタビュー（ウォータールー、2011年1月4日）より。

(34) イケアのマーケティングは他と比べて挑発的だと受け取られることが多く、イケアの広告をめぐる議論では、たいていこの点に注意が向けられている。例えば、Lewis（2008）を参照。

(35) Björk (1998:266).

(36) 例えば、イケアの現地法人設立の際の従業員間の知識伝達が国によってどのように異なっているかについて、ロシア、中国、日本の事例を考察した研究がある。Jonsson (2007).

(37) アメリカのイケアについてはWerner（2008（2））、フランスのイケアについてはHartman（2007）、およびBjörkvall（2009）を参照。Björkvall（2009）は、イケアのテーブルがオーストラリアの家庭でどのように使われているかについて取り上げている。

(38) Andersson, F. (2009). この研究は、イギリスの消費者がイケアをどのように認識するかは、買い物経験の有無に大きく左右されると主張している。

(39) Garvey (2010).

(40) Lindberg (2006).

(41) Atle Bjarnestam (2009), Björk (1998), Dahlgren (2009),

請け負っている。映画『アダプテーション』(スパイク・ジョーンズ監督、2002年)では、ニコラス・ケイジ演じる脚本家が仕事に行き詰まり、救いを求めてマッキーのセミナーに参加している。

(19) Salzer-Mörling (2004:119).

(20) Mossberg & Nissen Johansen (2006:159-165).

(21) Salmon (2007).

(22) ブランド構築の提唱者の一人であるウォーリー・オリンズ(Wally Olins)は、国家と会社は互いに似たものになりつつあると指摘している。Olins (1999).

(23) ニーチェは歴史の用法を三つに分類した。その第一は「記念碑的用法」で、歴史は教師として用いられる。第二は「骨董的用法」で、歴史は価値や芸術品を保存するために用いられる。さらに、第三の「批判的用法」では、過去は審判の対象となる。Nietzsche (1874). [邦訳は、フリードリッヒ・ニーチェ/小倉志祥訳『ニーチェ全集〈4〉反時代的考察』(ちくま学芸文庫、1993年)に収められた「生に対する歴史の利害について」など。]

(24) Karlsson & Zander (2004:55-66). この類型は、カールソンがKarlsson (1999) において提唱したトポロジー(位相幾何学)をさらに発展させたものである。

(25) Karlsson & Zander (2004:68).

(26) Hartwig & Schug (2009).

(27) http://www.historyfactory.com/how-we-do-it/storytelling/ (accessed August 9, 2003).

(28) Torekull (2008 [1998]:153) で引用されているカンプラードの発言 [日本語訳は、バッティル・トーレクル/楠野透子訳『イケアの挑戦——創業者は語る』ノルディック出版、2008年、212頁]。この本の英語版は、*Leading by Design* (New York: Harper Collins, 1999)。英語版には若干の省略があるため、本書ではスウェーデン語の原著を用いる。

(29) Sandomirskaja (2000:54-57). また、Dahlgren (2009) も参照。

のと見なされている。例えば、特定のデザイナーの偉大な活躍を論じる研究よりも、日常生活を取り巻く環境や物質文化などを含みこんだものが増えている。デザイン史学は1970年代から1980年代にかけて発展し、1977年には「デザイン史学会（The Design History Society）」が設立された。デザイン史学の発展に関する研究や議論、理論や方法論については、Fallan（2010）を参照。1980年代、1990年代に展開されたデザイン史の本質をめぐる議論については、Lees-Maffei & Houze（2010）, Clark & Brody（2009）を参照。

(13) ファッションに関する従来の研究は、個々のファッションアイテムや服装の歴史に焦点を当てる物質主義的なものばかりであったが、ファッションとは衣服のアイテムに限定されるものではないし、ファッションデザイナーのほか、スタイリストやジャーナリスト、販売店、広告代理店、そして消費者など、多くの人々が関与している。Wilson（1985）の序文を参照。また、Kawamura（2005）も参照。

(14) Werner（2008（1）:289）, Kåberg（2011:150-157）.

(15) ブランドに関する研究は広範囲に及んでいる。ロゴタイプの歴史的ルーツについての先駆的な研究であるMollerup（1997）では、ブランドを構成する要素はロゴタイプ以外にも多くあることが示されている。社会学的、文化的な側面をより重視している研究については、Schroeder & Salzer-Mörling（2006）を参照。

(16) Corrigan（1999）, Clemens & Mayer（1999）.［ジョン・K・クレメンス&ダグラス・F・メイヤー／叶谷渥子訳『英雄たちの遺言——古典に学ぶリーダーの条件』リクルート出版、1990年］

(17) Jensen（1999:90）.［日本語訳は、ロルフ・イェンセン／宮本喜一訳『物語（ドリーム）を売れ。——ポストIT時代の新六大市場』TBSブリタニカ、2001年、157ページ］

(18) Fryer（2003）. 脚本家として第一線で活躍するロバート・マッキー（Robart McKee）は、企業のストーリーテリングの仕事も

に進出できたのか』集英社、2012年。ただし、当該箇所は邦訳版には収録されていない。]

(8) このビジネス研究は、民族学/人類学からヒントを得たものである。サルツァーはスウェーデン、フランス、カナダのストアで参与観察をおこない、イケアの構成員が国際的な文脈のなかでどのように組織アイデンティティを構築するのかを分析した(Salzer, 1994:7-14, 16)。Salzer-Mörling (1998) も参照。

(9) ベネディクト・アンダーソンは、国民というつながりをめぐる観念を解明しようとした。彼は、国民とは集合的帰属をめぐる想像上の観念であると論じている(Anderson, B., 1983)。[ベネディクト・アンダーソン/白石さや・白石隆訳『想像の共同体——ナショナリズムの起源と流行』NTT出版、1987年(1997年に増補版)]

(10) この領域に関する文献では「ビジネス・ナラティブ」という言葉も用いられているが、「企業のストーリーテリング」のほうが一般的である。マネジメント研究や組織研究におけるストーリーテリングの第一人者として、ディヴィド・M・ボイエ、イアンニス・ガブリエル、バルバラ・チャニオウスカがいる。Boje (1995), Gabriel (2000), Czarniawska (1997), McLellan (2006) を参照。

(11) この物語はレオン・ノルディンによって書かれたもので、1984年以降、若干の修正が加えられたうえで複数の版が多様な言語で出版されている。本書での引用は、2008年の英語版 *The Future is Filled With Opportunities. The Story Behind the Evolution of the IKEA Concept* (IHA) による。

(12) この数十年間、このテーマの特質をめぐって様々な問題が議論されてきた。デザイン史は、それ自体として学問分野だと言えるのか。この分野はどれくらいの範囲をカバーしているのか。独自の方法論をもっているのか。デザイン史研究は、初期においてはスタイルや趣味を扱うことが主流だったが、現在では学際的なも

原　注

第1章

（1）2012年にバルセロナで開催された文化政策研究の国際会議（VII International Conference on Cultural Policy Research）の「文化政治と文化政策」部会において、筆者が「イケアがデザインしたスウェーデン（Sweden Designed by IKEA）」という報告をした際、フロアの参加者が語ってくれたエピソード。

（2）Nye（2004）.［ジョセフ・S・ナイ／山岡洋一訳『ソフト・パワー　21世紀国際政治を制する見えざる力』日本経済新聞社、2004年］

（3）2001年にストックホルムの文化会館（Kulturhuset）で開催された「Open me 展」は、その一例である。この展示会のプロデュースには新カタログを携えたイケアが関わり、その年のテーマ（収納）を反映した内容となった（Kihlström, 2007）。2009年には、ストックホルムのリリエバルクス・ギャラリー（Liljevalchs municipal art garelly）での展示会にイケアが資金提供をしている。このことについては第6章で論じる。

（4）イケアのウェブサイト（http://www.IKEA.com/ms/sv_SE/about-the-IKEA-group/company-information/index.html accessed October 29, 2013）より。

（5）ビジネス経済学の研究では、イケアが成功例として何度も取り上げられてきた。初期のものとして、Porter（1996）、Normann & Ramirez（1993）, Ghoshal & Bartlett（1997）などがある。

（6）Bartlett & Nanda（1990）.

（7）このことは、Dahlvig（2011）所収のStrannegård（2011:18）においても言及されている。［Dahlvig（2011）の邦訳は、アンダッシュ・ダルヴィッグ／志村美帆訳『IKEA モデル――なぜ世界

訳者紹介

太田美幸（おおた・みゆき）
一橋大学大学院社会学研究科准教授。スウェーデン・リンシェーピン大学客員研究員、鳥取大学講師、立教大学文学部准教授を経て2013年4月より現職。博士（社会学）。著書に『生涯学習社会のポリティクス―スウェーデン成人教育の歴史と構造』（新評論、2011年）、共編著に『ノンフォーマル教育の可能性』（新評論、2013年）、『ヨーロッパ近代教育の葛藤』（東信堂、2009年）、訳書にコルピ著『政治のなかの保育』（かもがわ出版、2010年）、ニューマン＆スヴェンソン著『性的虐待を受けた少年たち』（新評論、2008年）

イケアとスウェーデン
福祉国家イメージの文化史

2015年10月15日　初版第1刷発行

訳者　太田美幸
発行者　武市一幸

発行所　株式会社　新評論

〒169-0051
東京都新宿区西早稲田3-16-28
http://www.shinhyoron.co.jp

電話　03(3202)7391
FAX　03(3202)5832
振替・00160-1-113487

落丁・乱丁はお取り替えします。
定価はカバーに表示してあります。

印刷　フォレスト
製本　中永製本所
装丁　山田英春

Printed in Japan
ISBN978-4-7948-1019-9